An illustrated Guide to
Bird Watching for Beginners

Let's get to know Wild Birds

身近な場所で出あえる

野鳥の教科書

三上 修［著］
中村利和［写真］

ナツメ社

「ご近所バードウォッチング」のすすめ

ハクセキレイ　コゲラ

ツバメ　ハシボソガラス

スズメ　カワセミ

～身近な環境で四季折々に出あえる鳥たち

スズメ
エナガ
ヒヨドリ
カルガモ
ハクセキレイ
シジュウカラ

イラストでわかる！
どこに、いつ、どんな鳥がいる？

都市の住宅地

初夏

電線、街路樹など、視線をいつもより高いところに向けてみましょう。逆に植え込みなど低いところも要チェックです。

まずは身近なところで探してみましょう。
環境や季節ごとに、目を向けるポイントが違うので、それをご紹介します。

冬

初夏と観察ポイントは同じですが、街路樹など葉が落ちて見やすくなります。群れている鳥も多いかもしれません。

公園

いろいろな鳥がエサをとりにくるので、木や地面などエサのありそうなところをチェック。梢でさえずる鳥もいるかも。

葉が落ちて観察がしやすくなります。聞き耳を立て、シジュウカラやエナガなどからなる混群を探してみましょう。

農地

水田ではサギの仲間が、畑ではヒバリやキジが目にできます。電線や電柱の上や、畦道(あぜみち)にも注目です。

落穂などのエサが豊富なので、小鳥が地面によくいます。それを狙って、電柱に猛禽類がとまっていることもありますよ。

淡水池

水際の草地や浮州に、鳥が隠れています。また杭などの、鳥が休憩できそうなところもチェックです。

水面にはカモ類が寝ています。それを狙って猛禽類が上空に出現したり、枯れ木にとまっていたり。望遠鏡が欲しいかもしれません。

河口

ヨシ原などに目を向けてみましょう。オオヨシキリがさえずっているかも。水際にはサギ類が。杭(くい)の上にも注意です。

カモ類を探してみましょう。岸に上がっていることもあれば、岸から離れて浮いてることも。杭(くい)にも何かとまってないか注目です。

はじめに

世の中にはさまざまな趣味があります。読書、料理、旅行、折り紙……その種類はじつに多岐にわたります。おそらく、一生の間にすべての趣味に出あうことはできないくらいたくさんのものがあるでしょう。そのなかで何かひとつを選ぶとしたら、「バードウォッチング」を試してみるのも、なかなかいい選択だと思います。

この趣味は、始めるのに特別な準備がいりません。さらに歩くことが多くなるため、健康にもいい影響があります。そして、これまで意識して使っていなかった視覚や聴覚を使うようになるので、感覚が研ぎ澄まされるのです。いつもの散歩コースを歩くときも、少し注意を向けるだけで、今まで見逃していた鳥の姿が目に入ったり、聞き流していた鳥の声を意識できるようになったりするものです。

散歩のついでに見た鳥の名前がわかるだけでも、日々の生活に新たな楽しみが加わるかもしれません。鳥の姿や声から、季節のうつろいを、これまでよりも鮮やかに感じるようになることもあるでしょう。

また、実際の鳥だけでなく、絵画や文章に登場する鳥の名前や生態を知ることで、物の見え方がこれまでと変わることもあります。少し大げさにいえば、世界の見え方そのものが変わるような体験を得られるかもしれません。

この本は、そんな「バードウォッチング」を「ゆったり始めてみませんか」と提案するために書きました。

また、すでにバードウォッチングを趣味としている方にも手にとっていただければうれしいです。そういった方々の中には、さまざまな場所を訪れ、見たことのない鳥を観察することを楽しんでいる人も多いことでしょう。実際、知らない土地で新しい鳥と出あうのは心が躍るすばらしい体験です。私もその楽しさはよく知っています。しかしながら、やがて行ける場所や観察できる鳥に限界を感じるようになるものです。そして、一瞬の出あいだけでは、野鳥観察の醍醐味を、ちょいと欠いているかもしれません。

そんななか、私は近所の鳥を観察することの魅力に気づきました。近所で見られる鳥であれば、1年を通してじっくりと観察することができます。季節の移り変わりとともに、その鳥の生態や生活を深く感じとることができるのも、また違った楽しみ方です。遠出をして知らない土地で鳥を見る楽しさもすばらしいですが、身近な場所での「ご近所バードウォッチング」には、また別の充実感が得られるものだと思うのです。

というわけで、どなたさまも、ぜひ気軽に「ご近所バードウォッチング」を始めてみてはいかがでしょうか?

三上 修

身近な場所で出あえる 野鳥の教科書 ＊contents

第  章 近所で見られる!

身近な野鳥図鑑54種

第2章 探し方・見つけ方・見分け方
野鳥観察の楽しみ方

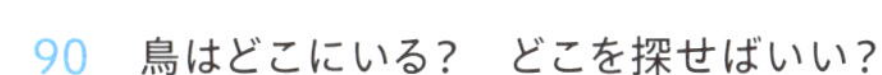

第3章 服の色から双眼鏡・望遠鏡・カメラ選びまで
鳥を観察する服装や道具

第4章 体・五感・食性・羽・求愛・渡り… 鳥ってどんな生き物?

第5章 家のまわりにいる! 超身近な鳥の生活

第6章　鳥見旅行から美術や文学の中の鳥まで
鳥きっかけで広がる世界

[鳥の体の名称]

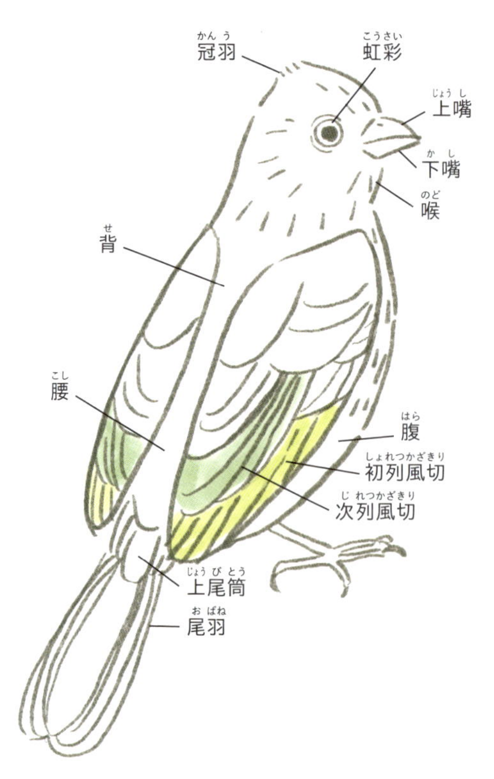

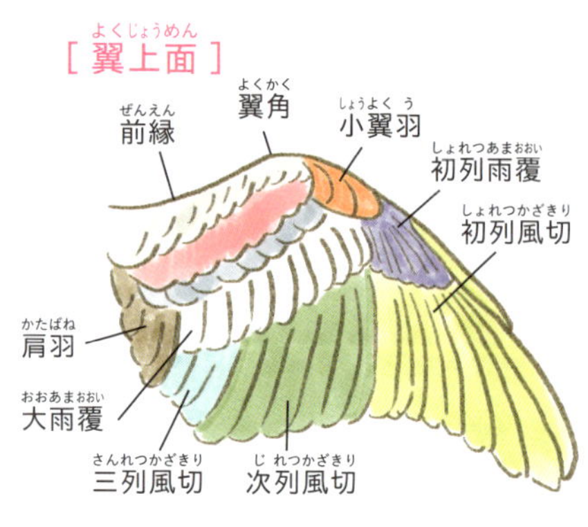

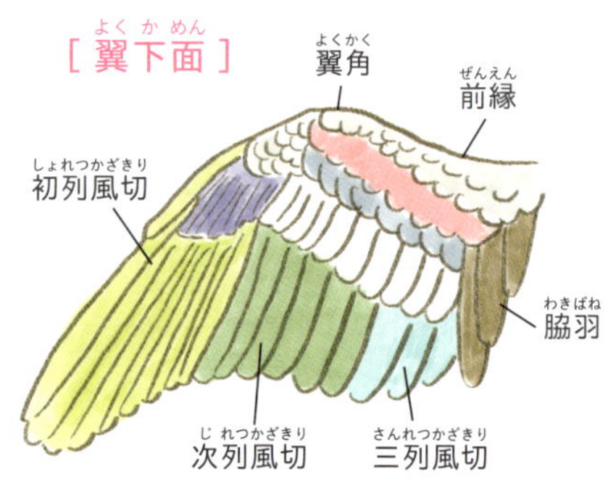

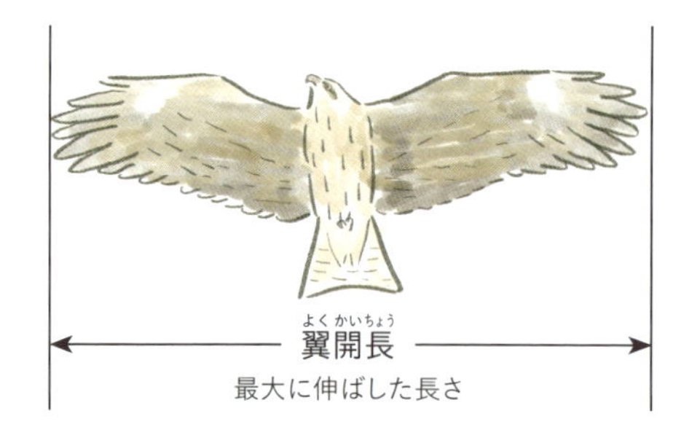

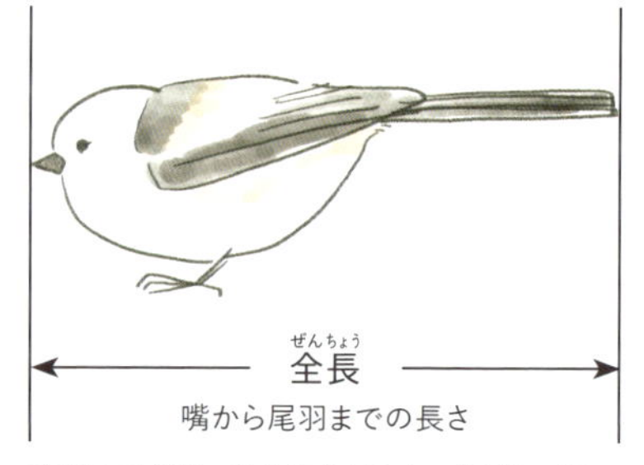

実際の計測は、鳥を仰向けにして伸ばして行います。そのため、普通にとまっているときの嘴から尾羽の長さは全長の数値の8割程度です。

近所で見られる!

身近な野鳥図鑑
54種

スズメ ［雀］

スズメ目スズメ科スズメ属

［学名］*Passer montanus*　［英名］*Eurasian Tree Sparrow*　［体長］約15cm

もっとも身近な鳥だが人里にしかいない変な鳥

ほぼ日本中にいる。いないのは小笠原諸島のように本土から遠い離島くらい。1年中見られるが、北海道など寒い地域では、冬になると一部が寒さを避けて南に渡るので数が減る。群れになって北海道から津軽海峡へと飛び出す姿を見ると、応援したくなる。

背中から首筋、顔にかけての模様は意外に複雑で絵に描くのは難しい。ただし頬に黒い斑点がある鳥は日本にはほかにいない。なので、その特徴をとらえるだけでスズメっぽくできる。

街の中でもっとも多く見られる鳥で、そのあたりにいる鳥を当てずっぽうでスズメと言ってもそこそこの確率で当たる。鳥の代表のようなイメージがあるが、多くの鳥は人里を嫌って自然の中にいるのに、スズメはツバメと同様、人里にしかいない。

つまり鳥のなかではもっとも変な部類といえる。過疎化して人がいなくなるとスズメもいなくなる。生息環境は残っていても人がいないとスズメもいなくなるところを

雑食性で、昆虫や植物のタネを食べる。写真はサクラの蜜を吸っているところ。

砂浴びの姿。翼を震わせて、砂で体についた虫や汚れを落とす。

見ると、人の姿があること自体がスズメにとっては重要なようだ。

では、スズメは人のことを好きかというと、そうでもないようで、人目を油断なく気にしながら距離をとって生きている。

スズメの巣はツバメの巣と違い目立たないが、街の中にたくさんある。一般的な住宅地なら100×100mに2〜3巣はあると思っていい。瓦屋根の隙間とか鉄骨の隙間など、人の目が届かないところで、こっそり巣をつくって子育てをしているのだ。

メジロ［目白］

スズメ目メジロ科メジロ属

［学名］*Zosterops japonicus*　［英名］*Warbling White-eye*　［体長］約12㎝

目のまわりが白い、黄緑色の小鳥

スズメよりも小さく全体的に体が細い。名前に偽(いつわ)りありで、目が白いのではなく、目のまわりが白い。この部分をアイリングという。つまりメジロは白いアイリングをもっている。

緑豊かな住宅地から山の中腹あたりまでいる。虫も食べるが花蜜(かみつ)が好きなようで、サクラやツバキが咲くと、細い嘴でせっせと蜜を吸い、その際に嘴や顔のまわりに花粉をつけ、あちこちに花粉を運ぶ役割をしている。

鳴き声は複雑で、古くから「長兵衛(ちょうべえ)、忠兵衛(ちゅうべえ)、長忠兵衛(ちょうちゅうべえ)」と聞きなされてきた(P104)。メジロは声が美しいといわれ（私はあんまりそう思わないけれど）、かつては飼われて声のよし悪しが競われた。上手に歌うメジロの傍らでヒナから育てると、上手に歌うようになることが知られていて、鳥の歌のうまさは学ぶことによっても上達することを示すいい例である。

なお、現在は捕まえることも飼うことも禁止されている。

蜜が大好きで、いろいろな格好で吸う。ぶら下がることもしばしば。

花粉を顔につけて運ぶ花粉媒介者として、植物の受粉を手伝っている。

「目白押し」という言葉がある。多くの人数が混みあって並ぶことを意味するが、これはメジロが樹上で押し合うように並ぶことからきている。

しかし、実際にそういう場面に出あうのは難しく、メジロがたくさんいるところで待っていても、なかなか観察できない。もし、そんな状況がありえるとしたら、寒い日に暖をとるためにメジロが集まって眠りに入る瞬間だろうが、暗くて見ることは難しい。

ウグイス色だけどメジロ

シジュウカラ ［四十雀］

スズメ目シジュウカラ科シジュウカラ属

［学名］*Parus cinereus*　［英名］*Cinereous Tit*　［体長］約15㎝

胸に黒いネクタイがあり、「ツツピー」とさえずる

身近な鳥で、かつ名前が使いやすいので、言葉遊びにしばしば使われる。たとえば「いつも家を留守にしている鳥は?」という定番の鳥クイズがあって、その答えは「始終空（しじゅうから）!」。「人生は四十歳から」という人もいる。漢字では四十雀と書き、名前の由来として「かつてスズメの40倍の値段で取引された」という説もあるが俗説のようで、「シジュウ」は声からきているという説が有力である。

全国の市街地から、あまり深くない林にまで生息する。

森の中では木にあいた穴（樹洞（じゅどう））に巣をつくる。市街地では、底に穴のある植木鉢をひっくり返したもの、石垣の隙間、鉄パイプなど、やはり穴に巣をつくる。それゆえ巣箱にもよく入る。雑食性で、木を食害する虫もよく食べてくれる。

4月から7月ごろの子育ての時期は、つがいでなわばりを防衛するので、見かけるときは1羽か2羽でいることが多い。

しかし秋冬になると、ほかの種の鳥と一

ネクタイの太さは個体差があるが、メスのものは総じて細い。

ヒナのときは、ネクタイや頬の下の黒線が淡く、はっきりしない。

緒になって数十羽の群れ（混群）で生活する。この混群に出あうと、いろいろな鳥をまとめて見られるのでお得な気分。

春先は梢、電線などの目立つところにとまり、「ツツピーツツピー」とよく通る声でさえずる。ただし実際の声には相当バリエーションがあり、この声だけを出すと思っているとだまされる。

秋口や晩冬でも、天気がいい暖かな日にはさえずることがあって、シジュウカラも気分的に歌いたくなっているのだろう。

身近な場所で子育てする

ツバメ ［燕］

スズメ目ツバメ科ツバメ属

［学名］*Hirundo rustica*　［英名］*Barn Swallow*　［体長］約17cm

春に南から渡ってきて人の近くで子育てをする

春になると、東南アジアなどから日本全国の都市にやってきて子育てをして、秋になるとまた南へ帰っていく。九州では、冬にも居残っているものがいて、正月の注連（しめ）飾りにツバメがとまる姿を目にすることもある。

鳴き声は「土食って虫食って口渋い」と聞きなされる。この聞きなし（P104）は、ツバメの生態をよく表している。実際、巣をつくるために土を口に含んで運ぶし、飛んでいる虫をよく食べる。だからこそ、そういう虫がいなくなる冬には、ツバメも日本からいなくなるというわけだ。

春になると、近くでとってきた土と草に自身の唾液を混ぜて軒先などに巣をつくる。その際、軒と巣の間は狭くなっている。その隙間が広すぎると、上からカラスなどに襲われる確率が高くなるからだろう。スズメと同様に、人がそばにいるところに巣をつくるのは、人がいることで、ヘビやタカなどの外敵が近づかない効果をねらってのことだと思われる。

河川敷や田んぼなどに下り立って泥をもち帰り巣材にする。

素早く飛ぶ。ほかの鳥にくらべて、翼や尾が長い。

スズメが稲を食害するという理由で駆除されてきたのに対し、ツバメは稲の害虫を食べるという理由で人々から大切にされてきた歴史があり、巣も大事にされてきた。そのためか、ツバメはスズメよりも人に対する警戒心が薄い。

しかし近年は、巣の下にフンが落ちるため巣が落とされてしまう話も聞く。フン受け（P222）を設置するといった対策もあるので、ツバメとともに暮らす方法として、ぜひご検討いただきたい。

ツバメの集団ねぐら

コゲラ ［小啄木鳥］

キツツキ目キツツキ科コゲラ属

［学名］*Yungipicus kizuki*　［英名］*Japanese Pygmy Woodpecker*　［体長］約15cm

留鳥

黒白まだら模様の小型のキツツキ

キツツキのことを一般に「ケラ」という。なぜそう呼ぶかは諸説あるが、説明が長いわりに聞いても納得感はあまりないので書かないことにする。理由はともかくケラと呼ばれ、体が大きくて真っ黒いクマゲラや、頭が赤いアカゲラ、体が緑色のアオゲラなどのキツツキが日本にはいる。そして体が小さいのがコゲラである。

大きな公園や緑豊かな住宅地から山の中腹あたりまでいて、波状飛行（P102）をし、「ギー」、あるいは「キーキッキッキッ」という声を出す。

街の中にキツツキがいると聞くと驚くかもしれない。実際、コゲラの生息にはたくさんの木が必要なので、コゲラがいる街というのは自然が豊かな証拠といえるだろう。

キツツキの仲間は、嘴で木をよくつつく。木をつつくのは主に3つの理由がある。まず、穴をあけて中にいる虫を掘り出して食べるため。次に、音を出して自分の存在をほかのコゲラに示すため。3つめは、巣穴を掘るためである。コゲラは体が小さいので、

体が小さいので生木を削ることはできない。よく枯れ木をつついている。

木に垂直にとまることもできるが、もちろん、普通に横にとまることもできる。

ほかの大きなキツツキのように生木を叩くことは少なく、枯れかかった木や枝をつつく。

　巣をつくるときも、木の枯れた部分に直径3㎝ほどの穴を掘る。コゲラが巣として使ったあとに、シジュウカラなどが巣に利用することもあるので、コゲラの存在が、ほかの鳥の助けになっているという側面もある。それだけ聞くと微笑ましいが、実際はコゲラが自分用の巣を掘り終わった直後に、スズメなどに乗っとられることもあって、そんなときは少し気の毒である。

憧れの赤い羽

カワラヒワ ［河原鶸］

スズメ目アトリ科カワラヒワ属

［学名］*Chloris sinica*　［英名］*Oriental Greenfinch*　［体長］約15cm

尾はM字形の黄色っぽい鳥で群れでいることが多い

ヒワと呼ばれる鳥のグループがいる。マヒワとかベニヒワとか。そのなかで山中の水辺にいるのでカワラヒワと名付けられたことになっている。ただし、そんなに水辺ばかりにいる鳥でもない。ましてや現代の河原に多いわけでもない。

日本全国で見られ、駅前のような商業地には少ないが、緑が豊かな住宅地や大きな公園などで見られる。低い山でもよく見かける。

北海道以外では1年中見られる。北海道のものは、冬になると本州など南に渡っていく。「キリリコロロ」「ジュィーン」という鳴き声が特徴で、春先にほかの鳥にさきがけてよくさえずる。梢など目立つところに出てくるので見つけやすい。電線にもよくとまる。

とまっているときはそうでもないが、羽を広げて飛ぶときは、翼にある黄色の斑が目立つ。尾羽はバチ状あるいは楔(くさび)形をしているので（魚の尾のように、中央が引っ込んでいる）、わりと遠目でも見分ける

群れることが多い。翼の黄色は見えたり見えなかったり。

幼鳥は全体的に淡い。判別が難しい場合もある。

ことができる。

何羽かで集まって子育てをするので、3～4羽を同時に見ることが多い。秋冬になると100羽くらいの群れになることもあり、見ごたえがある。

嘴が大きいことからもわかるように種子などをよく食べる。ヒマワリの種子は好物らしく、ヒマワリの花にとまって種子を嘴でくわえて器用に抜きとり、口の中でもごもごさせて硬い殻をポイと吐き出して、中身だけを食べることができる。

チャームポイントは黄色

ハクセキレイ ［白鶺鴒］

スズメ目セキレイ科セキレイ属

［学名］*Motacilla alba*　［英名］*White Wagtail*　［体長］約21cm

かつては本州では冬鳥だったが、今は全国で繁殖

セキレイという名の鳥が何種かいる。キセキレイとかセグロセキレイなどで、そのうち本種は全般的に白っぽいので、ハクセキレイと呼ばれる。そもそもなぜセキレイと呼ぶかというと、話が長くなるわりにはよくわからないのでここでは書かない。少なくとも背がきれいだからではない。

この鳥はかつては、北海道の主に沿岸で繁殖をし、冬になると本州に渡ってくる鳥だった。しかし1970年ごろから南下をはじめ、現在では全国の都市部で繁殖をするようになった。南へ分布を広げただけでなく、生息環境も沿岸から人の多い都市部まで拡大させている。

生き物の分布はそんなに簡単には変わらないと思われがちだが、柔軟に変化することを示すいい例かもしれない。

一般には、水辺によくいるとされ、実際そういうことは多いが、街で水が近くにないところはないので、あまり関係なくどこでも見られるようになったのかもしれない。

セキレイの仲間は、特徴的な動きをもっ

メスの背中はオスにくらべて淡く灰色。

幼鳥は顔に黄色みが入る。

ていて、飛ぶときは波状飛行（P102）をする。そして、歩くとき、またとまっているときも、尾羽をよく上下に振っている。なぜ振るのか理由はよくわかっていない。その尾の動きからセキレイ類を「庭叩き」「石叩き」と呼ぶ地方もある。

本種もよく尾を振る。建物のまわりや駐車場を丹念に歩いて虫を探しているところをよく見かけるが、テケテケテケという擬音がよく似合う速度で走り、ピタッと止まっては尾を上下に振っている。

鏡に向かって何してる？

ヒヨドリ［鵯］

スズメ目ヒヨドリ科ヒヨドリ属

［学名］*Hypsipetes amaurotis*　［英名］*Brown-eared Budbul*　［体長］約28㎝

「ヒーヨ」という声が特徴だが、いろいろな声で鳴く

日本全国で見られる。駅前のような商業地にはあまりいないが、少し緑が豊かな住宅地や大きな公園から低い山にまでいる。1年中見られるが、北海道では冬に少なくなる。

街の中で生息している小鳥のなかでは体がもっとも大きくて、この次に大きいのはハトやカラスの仲間になる。

体が大きいぶん、生息密度はほかの鳥よりも低め。しかし飛ぶときは波状飛行（P102）をしたり、大きな声で鳴くので、街でも目につきやすい。

「ヒーヨ、ヒーヨ」という大きな声が特徴で、これがおそらく名前の由来。実際は「ピーギュイ」や「ピュイッ、ピュイッ」など、かなりいろいろな声を出す。ただし、音の質としてはほかに似た声を出す鳥がいないため、慣れると声の識別は容易だ。

どちらかといえば高いところを好むようで、あまり地面には下りてこない。なので、地面にいるヒヨドリを見かけたら喜んでいい。大きな木にとまる際は、枝先だけでな

街路樹などの木になったやわらかい実もよく食べる。

メジロと同様に花の蜜をよく吸う。顔や嘴に花粉がついていることもよくある。

く木の内部にとまることも多いため、姿は見えないが大きな声だけが聞こえてくることもよくある。

細い嘴の形状からもわかるように、花の蜜を好んで吸う。街路樹や庭木などに実ったやわらかい実も食べるが、硬い実は苦手なようだ。かと思えば、飛んでいるセミを上手に捕まえて食べたりもする。秋から冬にかけては、畑の葉物野菜や果樹の果実を食害するので、農家さんには、けっこう嫌われている。

ムクドリ［椋鳥］

スズメ目ムクドリ科ムクドリ属

［学名］*Spodiopsar cineraceus*　［英名］*White-cheeked Starling*　［体長］約24㎝

群れでいてギュルギュル鳴く中型の黒っぽい鳥

　嘴と足が橙色で、飛んだときに腰の白がよく目立つ。その名の由来としてムクノキの実をよく食べるからという説があるが、ムクノキの語源には逆に「ムクドリがよく食べるから」という説もある。それにムクノキの実をムクドリだけが食べるわけでもないので、けっこういい加減だ。

　農村から緑豊かな都市部まで見られる。都市部では、街路樹や公園樹などに自然にあいた穴（樹洞（じゅどう））などによく巣をつくる。人工物に巣をつくることもあり、関東ではしばしば戸袋に巣をつくる。巣をつくられると戸のあけ閉めができず大変なことになるので、家に戸袋がある人は、この本を置いて確認しに行ったほうがいい。

　1年中見られるが、寒い地方のものは冬は南へ移動する。

　声は「ギュルギュル」とか濁音とラ行の音が多い。江戸時代の本にも「声は大きいがよくない」とあり、昔の人も思うことは同じだったのかと親近感が湧く。声が大きい上に、晩夏から冬にかけて、数百か

飛ぶと腰が白いので見分けやすい。

コムクドリ。ムクドリよりもひとまわり小さく、顔もかわいらしい。

ら数千羽の群れになって駅前などでねぐらをとるので、すごく騒がしい。フンも落とすので日本各地で問題になっている。

北東北や北海道にはコムクドリという、その名の通り少し小型の種がいて、ムクドリよりもよく見かける。姿もかわいく声も「キュルキュル」とかわいげがある。関東以南の人は、旅行に行ったら探してみるといいだろう。ただしコムクドリは冬になると東南アジアまで帰ってしまうので、見るなら春夏がおすすめだ。

ムクドリの本音!?

ドバト［土鳩］

ハト目ハト科カワラバト属

［学名］*Columba livia*　［英名］*Rock Dove*　［体長］約33cm

伝書鳩やレース鳩が野生化し、柄や模様はさまざま

日本全国でよく見られる。都市の駅前や公園など人の多いところに群れでいることが多い。人からエサをもらおうとする姿が、いじらしく見えることもあれば、こちらの気分によっては図々しく見えることもある。

ドバトの歴史はややこしい。もともとは中東に生息していたカワラバトという野生のハトを人間が家禽化したことで、世界各地に広まった。それが逃げ出して野生化したのが本種。家禽化の目的は、通信用の伝書鳩や、そこから派生して目的地に正確に早く到着することを競技としたレース鳩などである。日本にはいつからいたかはっきりしないが、古くは神功皇后の時代にいたとされ、源氏物語（平安時代）にはそれっぽい記述があり、江戸時代には明確に輸入された記録が残っている。

現在の街中には、伝書鳩が野生化したドバトと、レース用に飼われているレース鳩がいる。レース鳩は飼われているので足環がついている。また、群れで高いところを飛び続けているため、あまり地上に

2本の線がある「灰二引(はいにびき)」はよく見かける模様だ。

公園などでは、胸をふくらませてメスに求愛しているオスをよく見かける。

下りてくることはない。ただし、家に帰らなくなったレース鳩が野生化し、ドバトになっていることもあるだろう。

ドバトは、個体によって色や模様が異なる。飼育下でさまざまな模様のものが生み出されたからだ。多いのは翼に2本の線が入った「灰二引(はいにびき)」と呼ばれるもの。ほかにも、ほぼ真っ白なもの、茶がまじるもの、まだら模様、真っ黒なものなどがいる。ドバトを観察するときは、柄や模様をいろいろ見くらべてみるのも楽しいものだ。

キジバト ［雉鳩］

ハト目ハト科キジバト属

［学名］*Streptopelia orientalis*　［英名］*Oriental Turtle Dove*　［体長］約33㎝

背中はうろこ模様で、鳴き声は「デーデーポーポー」

日本に昔からいた野生のハトで、その点で海外からもち込まれたドバトとは違う。かつては山にしかいなかったため「ヤマバト」とも呼ばれていたが、50年ほど前から都市部でも見られるようになった。

電線にもよくとまり「デーデーポーポー」という一度聞いたら覚えやすい特徴的な声で鳴く。また、地面をよく歩くので観察もしやすい。

背のうろこ模様がキジの背に似ているのが名前の由来のようだ。首のところに縞模様があり、これはドバトにはない特徴だ。

ドバトは群れでいることが多いが、キジバトは、1羽とかせいぜい数羽でいることが多い。オスとメスのペアでいることも多い。よく「ドバーッといるのがドバト」、というダジャレがあるが、あながち嘘ではない。

日本全国の都市部から山の中腹あたりにまで生息している。寒い地域に住むものは、冬期は一部南に渡っていく。巣は木につくるが、わりと高いところにあって、平

鳴くときは、木にとまっていることが多い。

地面では植物のタネなどを探していることが多い。

均は4mほど。そのため、大きな街路樹や大きな木がある公園に営巣し、付近で鳴いていることが多い。例外的に手が届くような低い位置に巣をつくることもある。

キジバトはときどきかっこいい飛び方をする。それは、スーッと飛んでパタパタと羽ばたき、またスーッと飛ぶというもの。これはディスプレイフライト（誇示（こじ）飛翔）と呼ばれる飛び方で、おそらくほかの個体、とくにメスに自分が飛ぶ姿を見せているのだろう。

キジバトの求愛行動

ハシボソガラス［嘴細烏］

スズメ目カラス科カラス属

［学名］*Corvus corone*　［英名］*Carrion Crow*　［体長］約50cm

「ボソ」と「ブト」。身近なカラス2種の違いは?

日本ではカラスの仲間は7種が記録されている。そのうち体が真っ黒なカラスは全部で4種。そのなかでも市街地でよく目にするのが、ハシボソガラスとハシブトガラスである。

これらの2種は頻繁に見かけるわりに名前が長いので、それぞれ「ボソ」「ブト」と略して呼ばれることが多い。名前は嘴の相対的な太さの違いに基づいていて、その名の通り、ボソのほうが嘴が細い。

この2種は一般には「カラス」とひとくくりにされていることが多いが、実際はいろいろ違いがある。「ボソ」と「ブト」を見分けられるようになると日々の生活はもっと楽しくなる。

嘴からおでこのライン

体の大きさはボソのほうがわずかに小さい。ただし野外では鳥との距離もあるため、大きさだけで判断するのは難しい。

一番の特徴は、嘴からおでこにかけてのラインだ。ボソのほうが嘴の曲がりが弱

ハシブトガラス ［嘴太鳥］

スズメ目カラス科カラス属

［学名］*Corvus macrorhynchos*　［英名］*Large-billed Crow*　［体長］約57㎝

く、おでこにかけてなだらかなラインをしている。一方、ブトは嘴の曲がりが大きく、おでこも切り立っている。

と、このように図鑑などでは、わかりやすい写真を使った見分け方が示されているのだが、実際にカラスを観察していると、オデコの切り立ち具合は羽の状態によっても異なり、ブトなのにボソのようにぺったりしていることもある。

また、嘴の曲がり方も判断に迷うものがわりといる。おそらく若くて特徴がまだよく出ていないか、あるいは子どものときに充分にエサをもらえず嘴が充分太くならなかったのだろう。

そういうときは、適当にごまかしてボとバの中間で「ヴァソガラス」と言っておけばいい。

分布する地域

分布にも微妙な違いがある。

2種とも北海道から九州にいるのだが、ボソは沖縄以南などでは少なくまれ。また、

ボソは鳴くときにお辞儀をするように頭を上下に振ることがある。

ブトもボソも、いろいろなものを食べる。植物の実もよく食べる。

ブトは南（離島）にもいるのだが、そこでは体が少し小さいタイプのものが見られている。

生息環境

ボソとブトは、生息環境も異なる。

ボソは農耕地、市街地、海岸沿いなどに多い。ブトは駅前のような都市の中央部のほか、山の中腹にも多い。

ただしこれはあくまで数の多さであり、ブトもボソも、どちらの環境にもいる。

行動や声

2種は行動にも違いがある。

ボソは地面をよく歩いて丹念にエサを探す。なので地面を歩いているカラスを見かけたら、ボソである確率が高い。また、ボソはあまり図々しくなく、遠慮がちである。人に対して攻撃的になることは少ない。クルミや貝を高いところから落として割るような技術をもつのもボソである。

一方、ブトは高いところからエサを探し、地上に下りてエサをとったら、また高いところに戻っていくことが多い。つまり、あまり地面にはいない。また、性格は攻撃的で、子育て中に巣の近くを通った人を襲ってくるのは、たいていブトである。

声も違う。ボソは「ガーガー」と少し濁った声を出す。一方、ブトは「カーカー」と澄んだ声で鳴く。ただし、ブトも気が立っているときは濁った声を出すこともある。また2種とも思いもしない声で鳴くこともあるので、声だけで判断するのは難しい。

「カーカー」と澄んだ声であればブトで間違いないが、そうでなければ絶対的な決め手にはならない。

水たまりを活用！

人を攻撃するのはブト？

エナガ［柄長］

［鳴き声］

スズメ目エナガ科エナガ属

［学名］*Aegithalos caudatus*　［英名］*Long-tailed Tit*　［体長］約14㎝

留鳥

小さくてかわいいけれど、じつは肉食系で虫を食べる

体は小さく、体重はスズメの3分の1の約8グラムしかない。丸い体と長い尾をあわせもっているので、「柄の長い柄杓（ひしゃく）」に見立ててその名がついたといわれている。

エナガはそれほど高くない山間部で繁殖する。都市部の緑豊かな公園などでも繁殖することもあるが、多くはない。秋冬には都市部にも下りてきて、公園や学校のグラウンドにもやってくる。見た目のかわいさに反して肉食系で、木々の隙間などをつついて虫を探して食べる。秋冬にはエナガだけで群れることもあるし、シジュウカラやコゲラと一緒に混群をつくっていることも多い。「ジュリジュリ」というほかの鳥が出さない声を出すのでわかりやすい。

北海道には頭全体が真っ白い亜種のシマエナガがいる。「本州のエナガの顔にこそ、縞（眉のような線＝眉斑）があるのに、なぜ?」と思うが、シマエナガのシマは「縞」ではなく「島」である。本州にはいなくてシマ（北海道）だけにいる、ということのようだ。ほかにも、鳥の中には北海道に

巣立ったヒナは身を寄せ合うことが多い。エナガだんごと呼ばれる

シマエナガは眉斑がなく、顔が白くみえる。

いるから「シマ」がついたものがいて、シマフクロウやシマクイナなどがそうである。
ただし、江戸時代の文献には岩手県あたりにいたエナガも「嶋エナガ」と呼ばれていたようなので、そうはっきりしたものでもないようだ。
ちなみに、本州のエナガは、人に対する警戒心が薄く、かなり近くまでやってくることがあるが、シマエナガは警戒心が強いのか、あまり寄ってきてくれない。

街にもいる？　シマエナガ

ウグイス［鶯］

［鳴き声］

スズメ目ウグイス科ウグイス属

［学名］*Horornis diphone*　［英名］*Japanese Bush Warbler*　［体長］約15cm

藪などにいて観察しづらいことが多い。

藪の中にいて姿を見られればラッキー

「ホーホケキョ」の鳴き声で有名だが、「法華経」と聞きなし（P104）ていることを知らない人も多いだろう。毎春、ウグイスが最初にこの声で鳴くことを「初鳴き」といい、気象庁では季節の移り変わりの指標として記録している（一時廃止する話があったが継続中）。つまり桜前線があるように、ウグイス前線もあるのだ。

ほかにも「フィフィフィフィフィ、ケキョケキョケキョケキョ」と谷に響くような（といわれている）「谷渡り」と呼ばれる声も出す。春によくさえずるのは、なわばりの宣言と、メスへのアピールのため。清少納言は枕草子のなかで、「夏にもなってさえずっているウグイスはみっともない」と書いているけれど、その時期まで鳴いているウグイスは、暑いころまで子育てをがんばっているわけなので、ほめてあげて欲しい。

ウグイスは名前が有名なのだが、じつはその姿を見るのは難しい。なぜなら笹藪などいることが多いから。さえずるのも、巣をつくるのも、エサをとるのも藪の中で、たまにチラチラと影が見える程度。生息に藪が必要なので、大きな公園であっても藪のないところにはいない。

冬も藪の中にいて「チャッ、チャッ」と鳴く。見たければじっと耐えて、高いところに出てくる機会を待つしかない。多くの地域には1年中いるが、寒い地域のものは、冬は南に移動する。

ヒバリ ［雲雀］

スズメ目ヒバリ科ヒバリ属

［学名］*Alauda arvensis*　［英名］*Eurasian Skylark*　［体長］約17㎝

さえずりながら飛ぶヒバリ。

春になると鳴きながら飛ぶ「さえずり飛翔」で知られる

日本全国にいて、河川敷、農地、草原などの地面に、草で編んだ巣をつくって子育てする。住宅地でも100メートル四方ほどの空き地があると見かけることがある。山の中腹にはいないが、亜高山帯のガレ場のようなところでも子育てをする。北海道のものは、冬になると本州へと渡っていく。

春から夏にかけて「さえずり飛翔」を行う。これは、さえずりながら空高く昇っていく行動で「揚げひばり」とも呼ばれ、春の季語になっている。どのくらいの高さまで飛ぶか計測したことがあるが、最大で200mほどだった。海外の文献ではもっと高い記録もある。飛行時間の多くは7～8分だが30分以上飛ぶこともあり、調査者泣かせの鳥である。ヒバリの漢字表記は「雲雀」だが、高く飛ぶスズメほどの茶色い鳥をうまく表現している。

さえずり飛翔時の聞きなしは「利取る利取る、利子くれ利子くれ」。太陽に金を貸し、日々その返還を請求するために飛んでいるらしいが、太陽の寿命のほうが圧倒的に長いので、やはりヒバリの負けだろう。

ちなみに、上昇時と下降時で、微妙に鳴き声が変わるのでぜひ聞き分けて欲しい。

冬は農地などの地面でエサを探していることが多く、その地味な羽色と模様のせいもあって見つけづらい。歩いていると急に地面から「ビュルビュル」といって飛び立つこともあり、そこにいたことに気づく。

カワセミ［翡翠］

ブッポウソウ目カワセミ科カワセミ属

［学名］*Alcedo atthis*　［英名］*Common Kingfisher*　［体長］約17㎝

留鳥

美しい色合いと独特のフォルムでアイドル並みの人気

頭でっかちで嘴が長い独特のフォルムをもつ。全国の平地の川や沼に生息し、魚、エビ、ザリガニなどをエサとする。

色合いも美しく、「ツィー」と鳴きながら直線的に水面の上を飛ぶさまもいい。獲物をねらうために木の枝先や杭などにとまって待つ姿は絵になる。ときに空中に羽ばたいて一点にとどまるホバリングもする。

市街地の鳥でもっとも人気があるともいえる。カワセミが観察しやすい公園などでは、まるで記者会見あるいはアイドル撮影会のようにカメラマンがみんなで写真を撮っているのをよく見かける。なお、個人的には市街地でもっともかわいいのはコゲラだと思っているので、別に気にならない。

北日本にいるものは、冬はいなくなる。なぜなら河川が凍ってしまったり、魚が活動的ではなくなるためエサがとれなくなるから。

鳥にしては珍しく、地面に穴を掘って巣にする。川岸の土壁などに1メートル弱の横穴を掘って住む。つまりカワセミがその

メスの嘴は下が赤色。

魚を食べるときは頭から丸飲みする。

場所にいるためには、エサとなる生き物が豊富な川と、コンクリートなどで護岸されていない土がむき出しになっている岸が必要なのだ。つまり、カワセミがいる場所は豊かな河川がある証拠ともいえる。

ちなみに名前は、虫のセミとは関係ない。かつて「そび」あるいは「そに」と呼ばれ、それが転じて「せみ」になったという納得できない説もある。名前の由来を覚えて人に話しても、微妙な顔をされるだけだから忘れたほうがいい。

カメラのレンズの先には…

ヤマガラ［山雀］

スズメ目シジュウカラ科ヤマガラ属

［学名］*Sittiparus varius*　［英名］*Varied Tit*　［体長］約14cm

毒のある種子も器用にむいて食べる

シジュウカラの仲間をカラ類と呼ぶが、そのうち山（低山）にいるのでヤマガラの名がある。日本全国にいるが南にいるものや島にいるものは少し色が濃い。秋冬は街の中に下りてくるので公園などでもよく目にする。声はシジュウカラに似るが、少し鼻声でゆっくり「ズーズーピー、ズーズーピー」と鳴く。ほかに「ニーニー」とも鳴く。

雑食で昆虫類も食べるが、種子などもよく食べる。硬い種子を食べるときは、枝にとまって足で器用に種子を固定し、嘴でつついて上手に割る。そういった器用さを買われて、かつては芸を仕込んで客に見せることもあったらしい。残念ながらもう失われた文化のようで、私は見たことがない。

ヤマガラは、ほかの鳥が避けるような毒性のある種子を好んで食べる。たとえばエゴノキとかシキミとかイチイとか。イチイについては、種子のまわりの皮の部分は甘いのに、それをいちいち剥ぎとって木になすりつけたりして種子の部分だけ食べる。

一般に毒のある生き物は目立つ色などで天敵に自分を食べると危険だと伝えているが、ヤマガラの目立つ配色も毒鳥であることを伝えているのかもしれない。江戸時代の本には、落水して水を飲んだ人やフグにあたった人に、ヤマガラの黒焼き（霜〈そう〉）を食わせると吐き出すという話がある。本当かどうかわからないが、毒があるがゆえに、そういう効能があるのだろうか。

ホオジロ［頬白］

スズメ目ホオジロ科ホオジロ属
［学名］*Emberiza cioides*　［英名］*Meadow Bunting*　［体長］約17㎝

留鳥

メスは顔の模様が薄く、背中の色も淡い。

頬と眉が白く、草原で子育てする

頬が白いのが名前の由来。でも、それならシジュウカラのほうが「ホオジロ」の名にふさわしい。ちなみにホオジロの仲間にミヤマホオジロというのがいるが、こちらはもっとひどくて深山にいるわけでもなく頬はむしろ黄色い。こういうのを知ると鳥の名はわりと適当なんだなと安心できる。

春夏は、牧場、農地、低山などにいて、地面付近に草を編んで巣をつくる。人が近づかない草地がある大きな公園や、河川敷でも繁殖をする。子育ての時期には木の梢など目立つところでよくさえずる。

その声は「一筆啓上つかまつり候」と聞きなすことになっている。「一筆」の部分はまあその通りに聞こえるが、後半はそうでもない。とくに東日本のホオジロはそうは聞こえない。もはやこんな文句で手紙を書き始める人もいないので（大正時代まではいたらしい）、この聞きなし（P104）もいずれは消えゆく運命だろう。

秋冬になると庭や小さな都市公園にも姿を見せる。「チッチッ」と鳴くが、ほかのホオジロ類も同じような声を出すので、この声だけで判別するのは難しい。そういうときベテランバードウォッチャーは「エンベリがいる」という。これはホオジロ類の学名（属名）がEmberiza（エンベリザ）なので、それを略したものである。はじめて口に出すときはキザっぽくて勇気がいるが、慣れるとなるほど便利な表現である。

モズ［百舌］

スズメ目モズ科モズ属

［学名］*Lanius bucephalus*　［英名］*Bull-headed Shrike*　［体長］約20cm

バッタなどのエサを枝に刺す「はやにえ」で知られる

モズは小さな猛禽（もうきん）と呼ばれている。小鳥なのに、その嘴は、タカやワシのように下向きで、獲物を食いちぎりやすくなっているからだ。目のところにも黒線が入っていて、ワイルドな印象がある。実際、スズメくらいなら襲って食べてしまう。といっても、それはスズメのほうが弱っていたり、油断していたりする状況であって、それほど大きさの変わらないスズメをビシバシ狩るというわけではない。実際は、バッタとかカエルなどをよく食べている。

北日本では春夏でも都市部で見かけるが、東北以南では秋冬になるとよく見られるようになる。とくに涼しくなって空が高くなってきたころに、近所の電線でモズがキチキチ鳴き始めると秋を感じる。実際、モズは秋の季語である。

春から夏の繁殖シーズンだけでなく、秋冬もなわばりをもつ。冬はオスもメスも単独で過ごし、目立つところにとまり尾羽をくるくるぴょこぴょこ動かす動きをするため、遠くからでもモズだとわかりやすい。

メスは過眼線の色が淡く白斑も小さい。

目立つところに出てくることも多い。

モズ独自の習性であるはやにえ。

また、モズは秋から冬に捕まえた獲物を尖った木の枝先などに突き刺す。これはほかの鳥にはない独特の習性で、この刺されたもの、あるいはこの行動そのものを「モズのはやにえ」と呼ぶ。これは、貯食行動のひとつ。この「はやにえ」がたくさんあるほど栄養状態がよくなり、翌春、メスにモテることがわかっている。

モズにとっては死活（婚活?）問題なので、はやにえを見つけてもそっとしておくのがいいだろう。

イワツバメ ［岩燕］

スズメ目ツバメ科イワツバメ属

［学名］*Delichon dasypus*　［英名］*Asian House Martin*　［体長］約13㎝

ツバメより小型で、集団で巣をつくる

夏鳥として全国にやってきて子育てし、冬に南に帰っていく。九州では冬を越すものもいる。もともと岩場や洞窟などに巣をつくるのでその名がある。

ツバメとくらべると体が小さく、尾羽が短く、腰も喉も白い。とくに腰の白さは飛んでいるときに目立つのでツバメと見分けやすい。足の指（趾）は白い毛で覆われているが、こういう特徴は寒い地域にいる鳥では見られるものだが、イワツバメがなぜそうなっているかはわかっていない。

ツバメのように長く複雑な声では鳴かず、「ピュリリッ」とか「ジュルルッ」など単調な声を連続で出すことが多い。

また、ツバメは夫婦で巣を構えることが多いが、イワツバメはたいてい群れで巣をつくる。巣をつくる場所も、高架鉄道の下、ショッピングセンターの駐車場の天井、体育館の軒下、トンネルなど、まとめて巣をつくれるところである。

巣の形状もツバメと違う。ツバメの巣はおわん形でヒナの姿が丸見えだが、イワツバメの巣は入口が狭くてヒナの姿は見えない。入口が狭いところがスズメにとっては都合がよいのか、気の毒なことにときどきスズメに巣を乗っとられてしまう。

前述したように集団で巣をつくるので、飛んでいるときも10羽とか20羽の群れのことが多い。電線にもよくとまり、コンクリート壁にへばりつくのも得意である。

オオヨシキリ ［大葦切］

スズメ目ヨシキリ科ヨシキリ属
［学名］*Acrocephalus orientalis*　［英名］*Oriental Reed Warbler*　［体長］約18㎝

夏鳥

鳴くと赤い口の中が見える。

ヨシ原に響く「ギョギョシ」という大きな声

夏鳥として東南アジアから日本にやってきて、河川敷や水際の背の高いヨシ原（だいたい2m以上）などに生息する。

初夏のころ、ヨシ原から「ギョギョシ、ギョギョシ」と聞こえてくると、今年ももうすぐ夏がくるという感じで好ましい。しかし7月ごろの真夏日に聞くと、逆に暑さが増すような気がするので勘弁してほしい。ただし、日本全体でヨシ原は減っているため、この声を聞けるのは貴重かもしれない。真夜中に鳴いていることもある。

大きなくくりで見ると、ウグイスの仲間。目立たないオリーブ色の体色は、なるほどウグイスの仲間らしいが、さえずるときは藪の中で鳴くウグイスとは異なり、オオヨシキリは目立つところに出て鳴いている姿をよく見かける。

巣は、地面から1mほどのところに数本のヨシ茎の間に枯草などを編んでつくる。するっと落ちてしまわないか心配になるが、じつはヨシの茎にしっかり結びつけてある。巣はヘビやイタチに襲われることもある。さらにこの鳥はカッコウに托卵される可能性ももっている。なので、カッコウが近くに来ると全力で追っ払いにいくのだ。

オオヨシキリに対しコヨシキリという小型の種もいる。オオヨシキリと似た環境にいるが、より背の低いヨシ原にいる。オオヨシキリにくらべ声は弱く「キョキョシキョキョシ」と濁音が入らない。

ジョウビタキ ［尉鶲］

スズメ目ヒタキ科ジョウビタキ属

［学名］*Phoenicurus auroreus*　［英名］*Daurian Redstart*　［体長］約14㎝

メスは茶褐色で、目のまわりが白い。

冬鳥として知られるが、子育てする地域も

「ヒタキ」という鳥の仲間がいる。黄色いキビタキとか、尾の白いオジロビタキとかがそうだが、ジョウビタキもその仲間だ。「ジョウ」の語源はいろいろな説がある。個人的に好きなのは、オスが銀髪なので翁を意味する尉（じょう）がついたというもの。「常」や「上」を意味するという説もある。「紋付鳥（もんつきどり）」と呼ぶ地域もある。背中から見ると白い斑が両翼にあり、紋付き袴の羽織（上着）のように見えるからだ。

ほとんどの地域では秋冬にしか見られない冬鳥。しかし近年、日本のいくつかの場所で繁殖するようになった。このまま定着し1年中見られる鳥になるかもしれない。

ほかの多くの種は、子育ての時期にしかなわばりをもたない。しかしジョウビタキは、秋冬にもなわばりをもつ。しかも、オスだけでなく、メスもなわばりをもつ。そして、自分のなわばり内にある電線やテレビアンテナなどの目立つ場所にとまり「ヒッ、ヒッ」とするどい声で鳴く。なわばりのもち主は、同じ場所を巡回しているので、我々が見るのは、いつも同じ個体ということになりやすい。

仮に自分の家のまわりにメスのなわばりがあるなら、オスは入ってこない。銀髪をしたオスを見たければ、メスのなわばりの外に探しに行くしかない。ただし、オスの姿は確かにいいが、メスはメスでかわいいので、それを楽しむのもまたいい。

シメ［鴲］

［鳴き声］

スズメ目アトリ科シメ属

［学名］*Coccothraustes coccothraustes*　［英名］*Hawfinch*　［体長］約19㎝　冬鳥

オスは翼が青黒色。

でっぷりして嘴が太い、2文字の鳥

　およそ鳥らしくない名前に聞こえるかもしれないが、日本最短文字数の鳥の1種。以前、日本で記録されている鳥が何文字で表されているかを調べたことがあるが、平均は5.7文字で最長は12文字だった。

　1文字の鳥はいないので2文字の本種がもっとも短い。ただし2文字の鳥はほかに8種いて、トキ、トビ、ツミ、キジ、バン、ケリ、モズ、ウソである。文字数が少ないということは、それだけ身近にいるか、あるいは身近だったことの表れではないかと思う。実際、シメは万葉集にも出てきて古典ではそれなりに有名だ。語源は不明。万葉集には「比米（ひめ）」とあり、それが転じたという説と、そもそも「此米（しめ）」が正しく、比米はその写し間違いという話もある。

　全体的にでっぷりというか、がっしりしている。尾羽も短いため3頭身くらいに見える。目には隈取（くまどり）があり、いかつい顔をしている。色合いや配色もあまりほかの鳥にはない独特さがある。嘴が大きく、見た目通り硬い種子を軽々と砕いて食べる。種子を食べるので地面に下りていることも多い。

　北東北や北海道では1年中見られるが、東北以南では秋冬に公園や庭先などで見られる。秋冬は10羽くらいで群れたり、イカルという鳥と一緒にいることがある。

　「ピチッ」とか「チー」というような声をよく出す。たまにさえずることもあるのだが、かなり控え目で、明朗さはない。

ツグミ ［鶫］

スズメ目ツグミ科ツグミ属

［学名］*Turdus eunomus*　［英名］*Dusky Thrush*　［体長］約24cm

地上でエサを探し、動いてはピタッと止まる

冬になるとシベリアから日本全国の都市公園や農耕地に渡ってきて、春になると北に帰っていく冬鳥。北海道は寒すぎるためか真冬にはあまり見られない。

「クワッ」とか「ツィー」などと鳴き、日がとっぷり暮れたころになって、木々からこの声が聞こえてくることがある。まれに春先にかなり複雑な小声でさえずることも。うららかさに気分が乗ったのか、シベリアに渡る前の予行練習かもしれない。

ツグミは木の上でカキの実をはじめとした果実をよく食べるが、地上でもよく食べ物を探している。両足をそろえて地面をぴょんぴょん跳ねながら広い範囲を移動し、ときどき胸をはるような姿勢でぴたっと止まりまわりを注視する。そうやってエサを見つける。嘴で葉っぱなどを豪快にひっくり返すこともある。

大きさが近いムクドリも地面でエサをとるので、一緒にいることも多い。ただしムクドリはツグミと異なりのたのたと歩き、ピタッとは止まらないので、遠くからでも

街路樹や公園樹の果実をよく食べている。

開けた草地などでエサをよくとっている。

見分けやすい。

胸と背中の色および模様は、個体ごとにかなり違いがあり、ツグミかどうか迷うことも多い。明らかに模様が違えば、アカハラ、シロハラ、マミチャジナイなどを疑ってもいいかもしれない。

また、数は非常に少ないが、赤みが強ければハチジョウツグミという別種の場合も考えられる。ハチジョウツグミはとくに大きいわけではなく畳八畳（たたみはちじょう）もない。赤褐色が八丈島産の紬（つむぎ）に似ているのが名の由来。

ツグミの仲間たち

イソヒヨドリ［磯鵯］

スズメ目ヒタキ科イソヒヨドリ属

［学名］*Monticola solitarius*　［英名］*Blue Rock Thrush*　［体長］約25㎝

メスは全身が茶褐色でうろこ模様がある。

鳴き声が美しい青い鳥だが、メスは茶褐色

磯にいるヒヨドリのような鳥なので、その名がついた。実際、フォルムと大きさはヒヨドリに似ている。ただし、分類的にはヒヨドリに近くはなく、科も異なる。

イソヒヨドリは群れることはなく、だいたい1羽かせいぜい雌雄の2羽でいる。メスはオスのように青くはない。

かつての主な生息域は沿岸部であり、岩場に巣をつくっていた。しかし数十年ほど前から都市部でも子育てをするようになった。都市部といっても住宅地のようなところではなく、高い建物があるところが好きなようで、学校、ショッピングセンター、駅前のビル街などにいる。彼らにとっては、それらも海の崖の岩場のようなものなのかもしれない。内陸の都市にも進出していて、海なし県にもいるようになった。ただし、今のところ北日本では都市部には少ない。

ビルの谷間で、複雑な美しい声が聞こえたらこの鳥の声である。「ピュル、ピル、ピーチョイ、ツーピ」などと聞こえ、聞きなしはないので、何かいいのを発明すると聞きなしの名付け親になれるかもしれない。

オスの姿は青く、鳥を観察し始めたころに見ると青い鳥が身近にいることに感動するだろう。しかし、そのうちもっときれいでかわいい青色の鳥（オオルリやルリビタキ）がいることに気づいてしまうかも。

イソヒヨドリは見かけによらず獰猛（どうもう）で、トカゲや小鳥のヒナを襲って食べる。

ガビチョウ［画眉鳥］

スズメ目ソウシチョウ科ガビチョウ属
［学名］*Garrulax canorus*　［英名］*Chinese Hwamei*　［体長］約25㎝

留鳥

眉のような白い模様がある、声が大きい外来種

漢字で書くと「画眉鳥」で、眉が書いたようにはっきりしているのでその名がついたようだ。本来の分布は中国の南から東南アジアあたりで、日本にはいなかった。1980年ごろに九州で最初の目撃例があり、その後、日本各地で見られるように。現在は南東北にまで生息している。

中国ではポピュラーな飼い鳥で、日本にも江戸時代に輸入して飼われた記録がある。ここ数十年で急激に日本各地に広まった理由は、はっきりとはわかっていない。ペットとして輸入されたものが逃げ出しただけで、ここまで急速に分布を広げるとは思えないので、業者が困って一度に大量に放鳥してしまったのではないか、という噂のようなものまである。

主に低木林や笹藪にいて、都市部でもそういう場所にいる。渡りをしないので1年中だいたい同じ場所で見られる。

さえずりはとても複雑で、ちょっとだけ聞くならば美しい声と思わないでもない。しかし、朝も昼も鳴いているし、1年中いつも鳴いていて季節感もないし、ほかの鳥の声が聞こえないくらい声が大きいので、この声を好きだという人はあまりいない。

それゆえペットとして売れなかったので放鳥されたのでは、と推測する人もいる。大きな声でさえずり、ほかの鳥の生息に影響がないか懸念する人もいて、鳥に罪はないが、気になる外来種だ。

オナガ［尾長］

［鳴き声］

スズメ目カラス科オナガ属

［学名］*Cyanopica cyanus*　［英名］*Azure-winged Magpie*　［体長］約37㎝

関東圏に多い、青い色が美しいカラスの仲間

　黒い帽子と青い翼をもつ美しい鳥。見かけによらずカラスの仲間である。変わった分布をしていて、西は中部あたりまでしかおらず、北は青森県までで北海道にはいない。とくに関東近辺で観察例が多く、季節的な移動もほとんどしない。

　生息している地域では、里山から都市部までいるが、駅前のようなところにはいない。オナガは10から20羽で群れになって子育てをするので、それだけ大きな木か、あるいは複数の木がまとまった林が必要だからだろう。

　昔から多くの図鑑に身近な鳥として登場している。しかし、島根県生まれの私にとっては子どものころから「遠くの地にいる鳥」であり、身近な鳥と紹介されると疎外感があって悔しかった。本書にも載せたくはなかったが、関東圏は人口が多く読者も多いといわれ、載せざるを得なかった。

　オナガは確かにおしゃれな色をしているし、群れになって電線にとまったり、水浴びをしたりと、わちゃわちゃ行動しているのはかわいい。声も「ギューイキッキッ」と大きな声で愛嬌がある。

　私と同様に悔しい思いをしている西日本の人は、関東に行った際に見るといい。といっても、この手の鳥を見るのは難しい。日々の生活で目にはつくけれど、どこにでもいるほど数は多くないので、ある程度の運が必要だからだ。

キジ［雉］

［鳴き声］

キジ目キジ科キジ属

［学名］*Phasianus versicolor*　［英名］*Green Pheasant*　［体長］オス約80cm メス約58cm

メスは全体的に茶褐色。

鮮やかな色が美しい日本ならではの鳥

日本にしかいない鳥で、それも理由となり1947年に日本鳥学会により国鳥に指定。渋沢栄一の前の1万円札である福沢諭吉のお札の裏にも描かれていた。ただし、2004年以降のお札では、キジの代わりに架空の鳥である鳳凰（ほうおう）になっていた。

本州以南に生息しているが、あまり長距離は飛べないらしく、離島にはいない。津軽海峡も渡れないらしく、北海道にも生息していない。ただし、北海道には狩猟のために、首のまわりが白いコウライキジが人為的に放鳥されている。コウライキジはもとは大陸のキジなので外来種である。

キジというと、山にいる印象をもつ人もいるが、実際は農地や河川敷などの平地にいる。オスは、春先になると開けた目立つ場所で「ケーン、ケン」と鳴く。「キジも鳴かずば打たれまい」というのは「無用のことを言わなければ禍いを招かないですむことのたとえ」（広辞苑第6版）だが、実際その通りで、鳴くとどこにいるかわかる。猟師にとっては仕留めやすいだろう。

ちなみに鳴いたあとに羽を激しく動かして「ドドドド」という音も出す。これを「母衣打ち（ほろうち）」と呼ぶ。けんもほろろという言葉は、「ケン」という鳴き声と、この「母衣打ち」からきたということになっているが、言葉の意味とはあまり関係がない。

オスとメスで色がまったく違うが、どちらも走るととても速い。

身近なワシタカ類4種

肉食で、するどい鉤状の嘴をもつ

タカ、ワシ、それにハヤブサの仲間を合わせて「ワシタカ類」と呼ぶ。日本には約25種のワシタカ類がいるが、タカとワシの間に明確な区別はなく、体が大きい種がワシと呼ばれる傾向がある。ハヤブサは、分類的には、ワシやタカよりオウムに近い仲間であることが、近年の研究から明らかになっている。

ワシタカ類の多くは、肉食で、素早く飛んで獲物を捕まえる特徴をもつ。そのため、目は獲物をねらいやすいように前方にある。両眼視できるので、獲物までの距離を測りやすい。また、獲物を切り裂くための鉤状の嘴をもっている。

体も大きく、広い範囲を行動し、生息密度も低い。そのため、見かける頻度も低いが、身近にも生息しているので、ぜひ見つけて欲しい。

日本で見られる主なワシタカ類

目	科	種	種
タカ目	ミサゴ科	ミサゴ	
タカ目	タカ科	ハチクマ	チュウヒ
		クマタカ	トビ
		イヌワシ	オオワシ
		ツミ	オジロワシ
		ハイタカ	サシバ
		オオタカ	ノスリ
ハヤブサ目	ハヤブサ科	チョウゲンボウ	ハヤブサ

タカの渡り

タカのなかには渡りをするものがいます。春に南から渡ってくる種と、冬に大陸から南下してくる種がいて、その様子を観察できる、タカの渡りの名所が全国各地にあります（P214）。

渡りのときだけ、集まって渡りをする。

トビ［鳶］

［鳴き声］

タカ目タカ科トビ属

［学名］*Milvus migrans*　［英名］*Black Kite*　［体長］約60-70㎝

トビが正式な和名だが、一般的にはトンビと呼ばれることも多い。「ピーヒョロロロロ」という鳴き声がのどか。巣は大木につくるため、大きな神社や山際の周辺に生息している。ただし、秋冬は巣を使わなくなるので、より多様な環境にも出てくる。

タカの仲間だが、生きた獲物を狩るのは苦手で、高空を飛びながら弱った動物や死体などを探して食べる。海辺にもよくやってきて、弱った魚などを食べている。

オオタカ［蒼鷹］

［鳴き声］

タカ目タカ科ハイタカ属

［学名］*Accipiter gentilis*　［英名］*Eurasian Goshawk*　［体長］約50-60㎝

精悍な顔つきで、まさにタカの名がふさわしい。高さが15mを越えるような木々からなる林に巣をつくるため、大きな神社や、山裾などに営巣し、そこから数km圏内で見られる。秋冬は巣を使わなくなるので、より多様な環境に出てくる。

ヘビや鳥などを襲って食べ、街の中ではハトをよく獲っている。警戒と獲物探しを兼ねて、木の梢や鉄塔などの目立つところにとまることが多いので、探してみよう。

ツミ ［雀鷹］

タカ目タカ科ハイタカ属

［学名］*Accipiter gularis*　［英名］*Japanese Sparrowhawk*　［体長］約27-30㎝

オスは胸がオレンジ色。

日本で最小のタカ。これより少し大きいものにハイタカがいて、さらに大きいのがオオタカ。この3種は属が同じで大きさ以外はよく似ている。

本種は、かつては森林にすむ鳥だったが、1980年ごろから関東周辺では、街路樹などに巣をつくり子育てをするようになった。

小型のタカなので、スズメくらいの大きさの小鳥をよく襲う。小鳥たち側も襲われまいと、ツミを見つけると集団で騒ぎ立てて追い払う。

チョウゲンボウ ［長元坊］

ハヤブサ目ハヤブサ科ハヤブサ属

［学名］*Falco tinnunculus*　［英名］*Common Kestrel*　［体長］約33-39㎝

メスは頭と上面が赤褐色。

小型のハヤブサ。漢字では長元坊で、語源は不明。本来は崖にできた窪地などに巣をつくる。しかし、1980年代以降、本州中部以北では、都市部でも見かけるようになった。巣は鉄橋の支柱の穴や、ビルの棚状部などにつくっている。

河川敷や農耕地で、エサとなるネズミや小鳥をねらうため、電線や電柱にとまっていることが多い。ときに、ねらいを定めるため空中の一点で羽ばたいて止まるホバリングを行う。

身近なタカの見分け方

トビ

尾羽の形が特徴。中央がへこむのは、この種だけ。ただし飛んでいるときは直線に見えることもある。

オオタカ

目の上の白い眉斑が特徴。ただし若い個体ははっきりしない。飛んでいるときトビより翼が短く見える。

ツミ

5枚に見える

横斑はまばら

メスの虹彩は黄色（オスは赤い虹彩に黄色のアイリング）

オオタカを小さくしたようなフォルムだが、眉斑はほぼない。木々の間を軽快に飛ぶタカがいたら本種かも。

チョウゲンボウ

尾羽が長く、翼の先端が尖って見える。ワシタカ類は体色での判断が難しいことがあるので形が重要。

身近なサギ5種

白くないサギや首が短いサギもいる

日本には約15種のサギがいる。サギといえば、白くて首が長い印象をもつ人が多いかもしれない。もちろんそういう種もいるが、アオサギはグレーだし、ゴイサギはグレーの上に首は短め。ツル、コウノトリは姿がサギに似ているが、サギの仲間ではない。

街の中にもいて、川やお堀でよく見かける。住宅地にわずかに残った水田や、幅が1mくらいしかない水路でエサをとっていることもある。

サギは季節によって見た目が変わる。飾り羽がついたり、目のまわり、指、嘴の色が変化する。そのため識別するのはちょっと面倒だが、季節の変化を楽しめると思って観察に挑戦して欲しい。

コサギ［小鷺］

［鳴き声］

ペリカン目サギ科コサギ属

［学名］*Egretta garzetta*　［英名］*Little Egret*　［体長］約60cm

留鳥

白いサギのなかでは最小。足の指（趾）が黄色かピンクであれば本種。夏になると頭に2本の飾り羽が出てきておしゃれになる。

水田、河辺、干潟、池など水のあるところで、水生昆虫、小魚、ザリガニなどをとる姿をよく見かける。ときどき、片足を少し前に出して水底で震わせて、それに驚いて出てきた獲物をとる「パドリング」を行う。巣は、河畔林、神社、城跡などの林に何羽かでまとまってつくる。

チュウサギ［中鷺］

ペリカン目サギ科アオサギ属
［学名］*Ardea intermedia*　［英名］*Intermediate Egret*　［体長］約70cm　夏鳥

中くらいの大きさのサギで、夏鳥。4〜6月ごろには背中に綺麗な飾り羽が出る。コサギ、ダイサギにくらべて嘴が相対的に短い。頭と嘴が半々くらいだったらチュウサギ、嘴が長かったらほかの2種と思うといい。

コサギと似たような生態だが、足で獲物をおびき出す「パドリング」はしないようだ。また、乾燥したところでもエサをとる傾向があるので、草地で採餌しているサギがいたら、チュウサギの可能性が高い。

ダイサギ［大鷺］

［鳴き声］

ペリカン目サギ科アオサギ属
［学名］*Ardea alba*　［英名］*Great Egret*　［体長］約80-90cm　留鳥

日本の白いサギでは最大。全国で見られ、コサギ、チュウサギと異なり北海道にも多い。寒い地方のものは冬は南へ移動。ほかの2種にくらべて、体に対し首が長いので、首が余っていそうだったらダイサギ。繁殖期はチュウサギ同様背中に飾り羽が出る。

コサギとチュウサギが動き回って採餌するのに対し、本種はねらいすまして大きな魚をねらうことが多い。足が長いぶん、深いところでも獲物をとることができる。

アオサギ［蒼鷺］

ペリカン目サギ科アオサギ属

［学名］*Ardea cinerea*　［英名］*Grey Heron*　［体長］約92cm

河辺、湖沼、海岸などにいて、おそらく出あう頻度がもっとも高いサギ。大きさはダイサギとだいたい同じ。

背中が灰青色なので、アオサギの名がある。北海道のものは冬に南へ移動するが、多くの地域では1年中見られる。

神社や中洲など、人が近づきにくい林に巣をかける。ほかのサギと同様、繁殖期になると色が変わる。とくに目、嘴、足が黄色っぽかったところに、赤みが入ってくる。

ゴイサギ［五位鷺］

ペリカン目サギ科ゴイサギ属

［学名］*Nycticorax nycticorax*　［英名］*Black-crowned Night Heron*　［体長］約58cm

幼鳥はホシゴイと呼ばれる。

官位五位（かんいごい）をもつ偉いサギ。平安時代に官位六位のものが捕まえようとしたが逃げ、天皇の命であることを伝えたら、神妙に従ったので五位をもらったといわれている。もしかしたらゴイの名が先にあり、それにひっかけてつくられた話なのかもしれない。

北海道では夏鳥だが、そのほかの地域では留鳥。昼間は水辺に張り出した枝などにとまって寝ていて、夕方になると活発に活動。空を飛びながら「グワッ」という声を出す。

身近な白いサギ（シラサギ）の見分け方

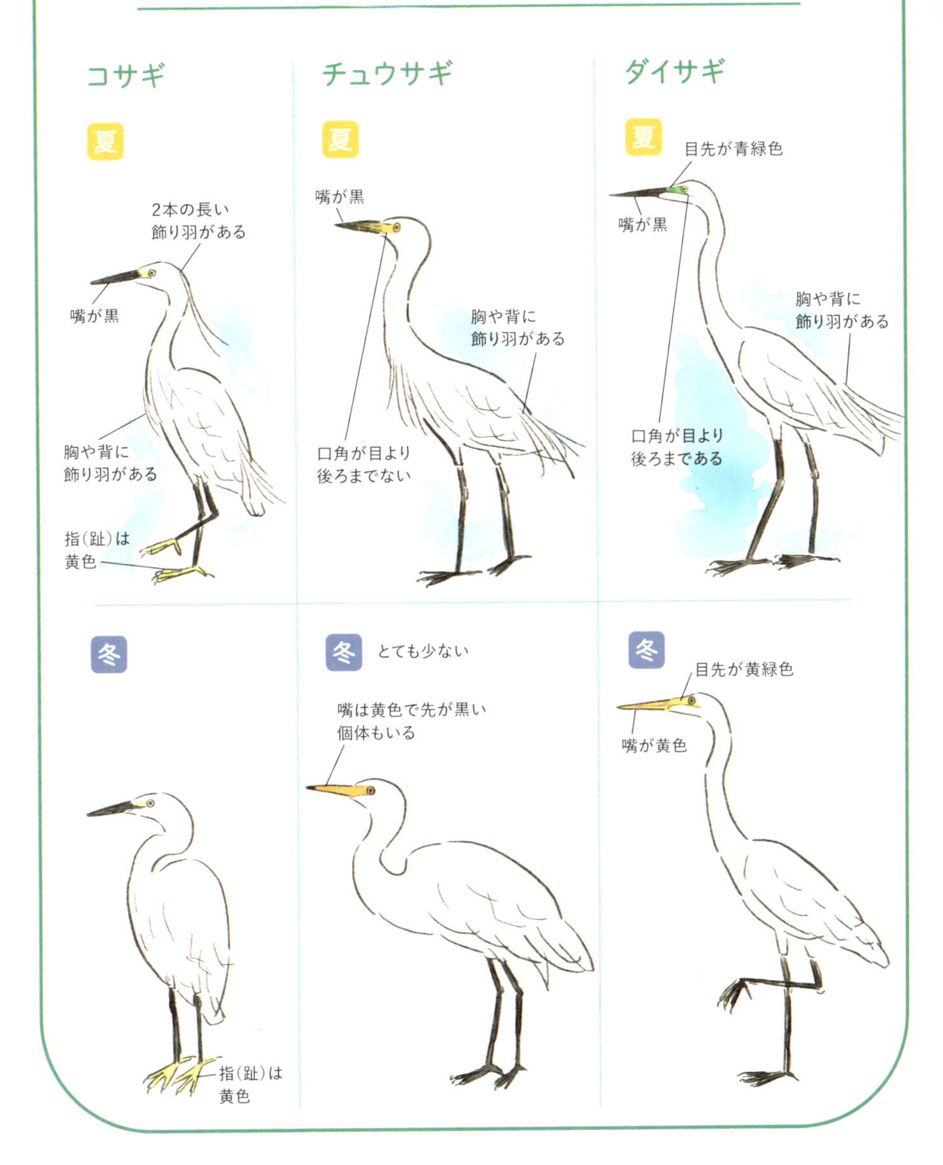

身近なカモ7種

オスは色が鮮やかで見分けやすい

日本では約30種のカモ類が見られる。多くは冬鳥で10月ごろに日本全国の河川、湖沼、海などに渡ってくる。そして2月ごろから北に渡るため次第に減っていく。

カモは体も大きいし、オスは色が鮮やかで見分けやすいので、初心者にはおすすめの鳥だ。秋から冬にかけて、水辺に行けば見られるという点もいい。

ただ、メスはみんな似たような地味な色をしている。さらに、オスの羽が美しくなるのは冬と春だけで、夏秋は、エクリプス（P147）という地味な色になる時期もある。そういったカモ類特有の現象を知っておくと、観察がさらに楽しくなるだろう。

カルガモ［軽鴨］

［鳴き声］

カモ目カモ科マガモ属

［学名］*Anas zonorhyncha*　［英名］*Eastern Spot-billed Duck*　［体長］約60㎝

国内で繁殖するカモは数種しかいない。そのうち本種は都市部の河川、堀、沼などの草地の地面に巣をつくる。名前の由来ははっきりしないが、かつてはカモ全般を「軽」と表すことがあったようで、そのなかでも、1年中いてよく見かけるので、「カル」ガモとなったようだ。

ヒナは孵化(ふか)するとすぐに歩き始める。親ガモに付き従う子ガモの姿はかわいい。ただし敵も多く、サギなどに、ぱくっとひと飲みにされることも。

マガモ［真鴨］

カモ目カモ科マガモ属
［学名］*Anas platyrhynchos*　［英名］*Mallard*　［体長］約60cm

よく見かけるカモなので、その名がついたと思われる。実際、個体数も多い。今風にいえば、シン（真）・ガモなのかもしれない。

秋冬になると北方からやってきて、河川、湖沼、海岸などで見られる。そのころは、オスとメスがごちゃっと群れでいる。しかし、晩冬にはオスとメスのペアで見かけることが多くなり、そういう変化を見るのも楽しい。

マガモを家禽（かきん）化したものがアヒル。アヒルはおおむねマガモより大きい。

オナガガモ［尾長鴨］

カモ目カモ科マガモ属
［学名］*Anas acuta*　［英名］*Northern Pintail*　［体長］オス約75cm メス約55cm

その名の通り、尾が長いカモ。日本各地に秋冬に渡ってくる。マガモ、カルガモに次いで個体数が多いが、年によってはコガモに数で負けることもある。

ほかのカモにくらべて首が長く、背の模様も美しく、おしゃれな感じ。群れでいて、「ピュルピュル」という声や「イーシーイーシー」という変な声を出す。また、ほかのカモより人をあまり恐れないようで、給餌場などでは最前列にやってくる。

ヒドリガモ ［緋鳥鴨］

カモ目カモ科ヨシガモ属

［学名］*Mareca penelope*　［英名］*Eurasian Wigeon*　［体長］約50㎝

頭部が赤いことから緋鳥と呼ばれる。頭頂はクリーム色。冬になると全国の河川、湖沼、海岸などにやってくる。オナガガモの次くらいに観察される数が多い。「ピュゥーウ」と特徴的な声で鳴く。

植物をよく食べるようで、ほかのカモにくらべると陸に上がることが多い。河川敷などに群れで上陸して、せっせと草を食む。海でも岩礁に生えている海苔を食べるために上陸することがある。

キンクロハジロ ［金黒羽白］

カモ目カモ科スズガモ属

［学名］*Aythya fuligula*　［英名］*Tufted Duck*　［体長］約40㎝

金色（黄色）の目で、全体的に黒く、羽に白い部位があるのが名前の由来。私は勝手に「寝ぐせガモ」と呼んでいる。「寝ぐせ」はオスのほうが長いところを見ると、メスはあれを見てときめくのだろう。寝ぐせ好きとはなかなか乙な趣味である。

秋冬に北から渡ってくる冬鳥で、全国で見られる。潜ってシジミなどをよく食べるため、シジミが生息している流れのゆるやかな淡水や汽水域に多く見られる。

コガモ［小鴨］

［鳴き声］

カモ目カモ科マガモ属

［学名］*Anas crecca*　［英名］*Green-winged Teal*　［体長］約38㎝

冬鳥

　日本で見られるなかではもっとも小さいカモなので小鴨。よくある会話の勘違いとして「あそこにコガモがいますよ」「親ガモはどれですか？」となる。

　日本で繁殖するものもいるが、多くは冬に全国の湖沼、河川、海岸などにやってくる冬鳥。小さな池に数羽でいたりもする。遠くにいても、体の側面に白い一本線があるのと、お尻が黄色なので見分けやすい。「ピリピリッ」と鳴く。北海道では厳冬期には見られなくなる。

ホシハジロ［星羽白］

［鳴き声］

カモ目カモ科スズガモ属

［学名］*Aythya ferina*　［英名］*Common Pochard*　［体長］約45㎝

冬鳥

　古い本には「ぼっちはじろ」と出てくる。現代語で「ぼっち」とは、ひとりのことを指すが、本種は群れでいることが多い。背中をよく見ると点々があって、これを「ぼっち」と呼び、それが転じて名前がついたらしい。漢字では「星」だが、あまり星には見えない。羽白については、飛ぶと翼の下の面の白い帯がよく見えることから。

　冬鳥として、全国の海部や湖沼にやってくる。昼間は寝ていることが多く、夜に活動的になってエサをとる。

その他の身近な水鳥4種

水辺にはサギやカモのほかにも、あまりなじみのない分類群の鳥がいる。
代表的な水鳥を紹介しよう。

オオバン ［大鷭］

［鳴き声］

ツル目クイナ科オオバン属

［学名］*Fulica atra*　［英名］*Eurasian Coot*　［体長］約40㎝

バンという鳥がいる。そちらは数が少なくあまり見かけないが、それよりひとまわり大きな本種は、ここ20年ほどで増えた。とくに冬には全国の河川や湖沼で見られるようになった。

あまり人を恐れないので近くで観察できる。陸に上がっていたら、足を見てみよう。足指にヒレがある変わった形をしていることがわかる。

コブハクチョウ ［瘤白鳥］

［鳴き声］

カモ目カモ科ハクチョウ属

［学名］*Cygnus olor*　［英名］*Mute Swan*　［体長］約150㎝

冬になると日本にはオオハクチョウとコハクチョウがシベリアから渡ってくる。対してコブハクチョウは、飼育されたものが逃げ出して野生化したもの。

近年、日本の各地で見られ、一部地域では繁殖もしている。年中いるので農業被害もあり、各地で問題になっている。観察するだけにして、エサなどは与えないようにするといい。

カイツブリ［鳰］

［鳴き声］

カイツブリ目カイツブリ科カイツブリ属

［学名］*Tachybaptus ruficollis*　［英名］*Little Grebe*　［体長］約26㎝

名の由来は複数の説があり、少なくとも後半の「つぶり」は水に潜るときの音といわれている。それくらい頻繁に水に潜り、水中を泳いで、魚、昆虫、甲殻類をとる。

全国にいるが、寒い地方のものは冬にはいなくなる。湖沼などで、杭や水生植物など動かないものを基点にして、植物の茎や葉を使って水に浮いた巣をつくる。実際は飛べるはずだが、飛んだところを見た人はめったにいない。

カワウ［川鵜］

カツオドリ目ウ科ウ属

［学名］*Phalacrocorax carbo*　［英名］*Great Cormorant*　［体長］約80㎝

ほぼ全国にいるが、分布は局地的。河辺にある木や送電鉄塔などに、数十羽で巣をつくって子育てをする。近くの漁業資源（アユなど）を食べてしまうので、漁業関係者からは評判が悪い。群れて飛ぶときにガンのようにV字をつくって飛ぶ。

姿がよく似たウミウもいる。ウミウが内陸部に入ってくることは少ないが、海辺にカワウがいることはある。なお、長良川などで有名な鵜飼いでは、ウミウが使われることが多い。

身近なカモメ5種

似ているが、大きさや嘴、足、尾に注目!

カモメ類も水辺にいる鳥だが、カモやハクチョウにくらべて水への依存度が低い。
カモやハクチョウは水に浮いていることが多いが、カモメ類は水に浮いているよりも、岩礁、消波ブロック、街灯、電柱などにとまっていることが多い。飛ぶのもカモやハクチョウとくらべると上手で、風に乗ってかなり長距離を移動できる。

一方で、カモと違って識別が難しい。みんな似たような姿形をしていて、色の違いも小さい。また年齢によって、体色がかなり変わるのでさらにややこしい。とはいえ、身近にいるのは5種ほどなので、とりあえずこの5種がわかればいいだろう。体の大きさ、嘴の形、足と嘴と尾羽の色に気をつけると見分けられるようになる。

カモメ［鴎］

［鳴き声］

チドリ目カモメ科カモメ属

［学名］*Larus canus*　［英名］*Common Gull*　［体長］約45㎝

多くの分類群で名前に修飾語のない鳥は、もっとも見られる鳥であることが多い。しかし本種は違う。冬にしかいないし、数もほかのカモメ類にくらべて多くない。大きさが中くらいで、とくに特徴がないので、ただのカモメになったのかもしれない。
冬期の湖沼、河川、港などで見られる。冬は頭部に褐色の斑点があるが、4月ごろになると頭部は真っ白になる。ほかのカモメ類と一緒にいることも多い。

ユリカモメ［百合鷗］

チドリ目カモメ科カモメ属
［学名］*Chroicocephalus ridibundus*　［英名］*Black-headed Gull*　［体長］約40㎝

名前の由来は不明だが、風にのってゆらゆら飛ぶからかもしれない。植物のユリとは関係ないようだ。全国の湖沼や海岸で冬に見られる。カモメより少し小さく、嘴や足も赤い。

ほかのカモメ類は、虹彩（P20）が、金色や白色だったりして怖い印象がある。しかし、ユリカモメは黒目がちでかわいい。

4月ごろから次第に頭が黒くなり、印象がガラッと変わる。5月ごろに日本からいなくなる。

ウミネコ［海猫］

チドリ目カモメ科カモメ属
［学名］*Larus crassirostris*　［英名］*Black-tailed Gull*　［体長］約45㎝

「ミャーミャー」と猫のような声で鳴くのでその名がある。1年中見られ、分布は北海道から九州の海辺。海岸の崖などに集団で巣をつくる。しかし、近年はビルの屋上などにも営巣するようになった。人をあまり恐れず、遊覧船などで船についてきて、人からエサをもらうのは本種のことが多い。

カモメの仲間は総じて見分けづらいが、本種はわかりやすい。飛んだときに白い尾羽に黒い帯があるのが特徴だ。

オオセグロカモメ ［大背黒鷗］

［鳴き声］

チドリ目カモメ科カモメ属

［学名］*Lanus schistisagus*　［英名］*Slaty-backed Gull*　［体長］約64cm

冬鳥

カモメやウミネコとくらべると圧倒的に大きい大型カモメ。翼を広げると150cm以上ある。嘴がごつく、足はピンク色で、目つきは怖い。

東北以北では、海辺の崖などに巣をつくって繁殖し1年中見られる。冬になると冬鳥として渡ってきて全国で見られるようになる。ただし西日本では少ない。

10年ほど前からビルの屋上にも巣をつくるようになり、繁華街の上空を優雅に飛んでいたりもする。

セグロカモメ ［背黒鷗］

［鳴き声］

チドリ目カモメ科カモメ属

［学名］*Larus vegae*　［英名］*Vega Gull*　［体長］約60cm

冬鳥として日本にやってくる。西日本に多く、北に行くほど少ない。砂浜や干潟によくいて、自力で魚をとったり、海岸に打ちあがった魚を食べたりする。

オオセグロカモメよりわずかに小さいが、野外で見分けられるほどでもない。本種のほうが背中の色が淡いが慣れないと見分けは難しい。翼の先端の色は2種とも同じなので、翼を閉じた状態で、翼の先が背中よりもはっきり黒ければ本種である。

身近なカモメの見分け方

カモメ

ウミネコ

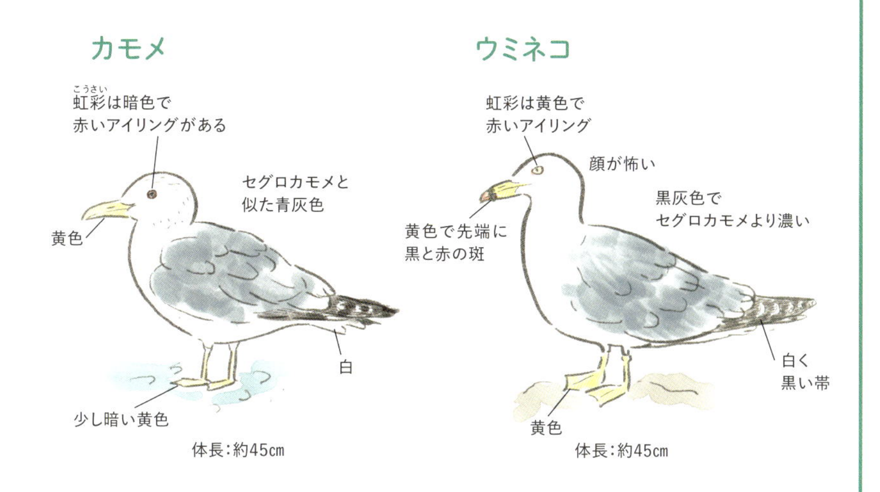

セグロカモメ

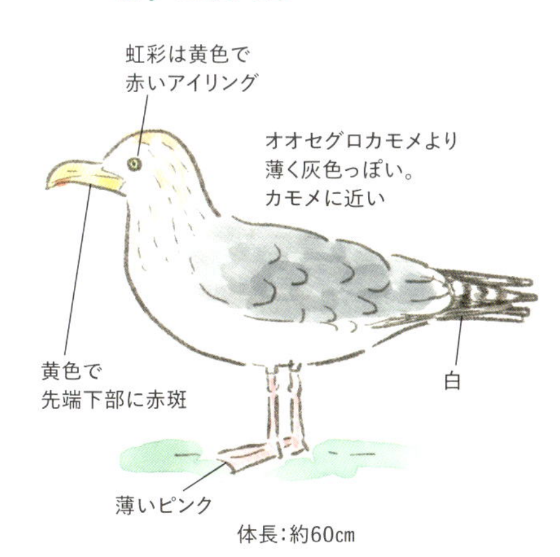

オオセグロカモメ

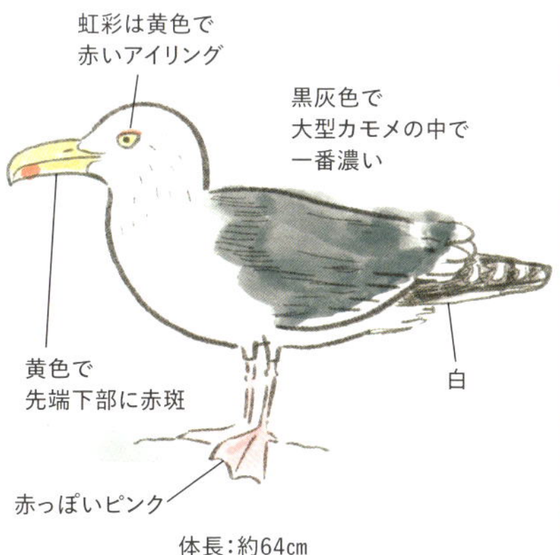

※カモメ類は年齢・季節でも違いが大きい。

・日本にいる鳥編・

名前は聞くけど身近ではない鳥

ハヤブサ

新幹線をはじめとして乗り物の名前によく使われ、速いものの代名詞。タカの仲間として扱われますが、ワシタカ類（P68）のところで述べたようにオウムに近い鳥です。

日本全国の海岸などの崖地に巣をつくり、小鳥などを襲って食べます。一部地域では、都市部にあるビルや鉄塔に巣をつくり、子育てをする様子も観察されています。

ウズラ

食用の卵で有名ですが、古くより和歌にも詠まれ、絵などの題材にもなっています。江戸時代はよく飼われていました。

広い農耕地や草原地帯などに生息しますが、数は多くないため、目にすることはめったにありません。鳴き声が「ウズラー」と聞こえることも。

コマドリ

ヨーロッパにはヨーロッパコマドリという庭などに来る人気の鳥がいて、文学作品などにも登場します。そういった文学作品が日本に入り、コマドリの名をよく耳にするようになったのかもしれません。

日本に住むコマドリは、亜高山帯にいる夏鳥で、出あうのが難しい鳥です。

ツルの仲間

かつては日本各地で見られ、縁起がいいものとされたり、さまざまな意匠に使われたりしてきました。鶴がつく地名も日本各地にあります。

現在は、北海道の東部にタンチョウが周年生息。冬になると山口と熊本には、大陸からマナヅルとナベヅルが飛来。

タンチョウ

ガンの仲間

かつては冬になると日本の広い範囲に渡ってきました。ガンあるいはカリと呼ばれ、絵に描かれたり、物語にも登場。

現在は、宮城県の伊豆沼など限られた地域にしかやってきません。種名としてはマガン、シジュウカラガン、ヒシクイなどがいます。

マガン

アホウドリ

人を恐れずに容易に捕らえれたのが名前の由来です。明治時代に羽毛布団の材料として大量捕獲され絶滅危惧種に。

現在は鳥島などのいくつかの島で繁殖するだけで、なかなか見られません。ただし、海を広く移動するので、大型フェリーなどから目にすることもあります。

カッコウ

「静かな湖畔の森の影から♪」という唱歌で有名な鳥。自分で子育てをせず托卵(P152)をする鳥としても知られます。托卵する相手はオオヨシキリやモズ。これらは草原などにいるので、カッコウの姿が見られるのもこういった環境。日本全国にいる夏鳥ですが西日本では少なめです。

コウノトリ

よく耳にするのは、赤ちゃんを運んでくる鳥としてかもしれません。この話はアンデルセンの童話に出てきます。

日本には明治初期まで日本各地に生息。田んぼなどでエサをとり、近くの林に営巣。しかし生息環境の悪化などのため1971年に野外では絶滅。近年、保護増殖が行われ、野外に放されて、再び日本全国で見られ始めています。近所で観察できる日も近いかもしれません。

ホトトギス

俳句や和歌に、初夏を表す鳥としてよく登場します。平安貴族は、夏の訪れとともにその声を聞くのを楽しみにしていたようです。ただし、その声は風流というよりかは、せわしないあるいはけたたましい印象。

カッコウの仲間なので、姿も生態もよく似ています。托卵相手はウグイス。ウグイスが山麓にいるので、ホトトギスが見られるのもそういった環境。日本全国で夏鳥ですが、北海道では南のほうだけに生息。

フクロウの仲間

日本には10種ほどのフクロウがいます。そのままフクロウという名の鳥もいて留鳥。ネズミなどを襲って食べるため、里山などに生息します。鳴き声は低い声で「ゴロッケ ゴッホゥ」。聞きなしは「ボロ着て奉公」ですが、時代遅れの感も。

一方、フクロウの声としてよく使われる「ホーホー」は、アオバズクの声。小型のフクロウで夏鳥として全国にやってきます。虫を主食とするので、都市部でも大きな社寺などがあれば見られます。

フクロウ

第2章

探し方・見つけ方・見分け方

野鳥観察の楽しみ方

鳥はどこにいる？ どこを探せばいい？

鳥探しの方法を知り、近所から探してみよう

野鳥を見つけるには、鳥たちのいる場所に行って、そこで目や耳を使って鳥を探すことが大切です。

前者は「どこ」に「いつ」行ったら鳥がいるかを知っている「知識」で、後者は見つける「技術」といえます。そして鳥の種ごとに「いる場所」も「見つけ方」も、ちょっとずつ違うので、それを知ると、たくさんの鳥たちに出あえます。

いまから初心者の方におすすめの鳥探しのポイントを紹介しますので、まずは家の近所で探してみてください。

そうやって意識するようになると、ふだんの散歩道でも、どこにどんな鳥がいるかわかるようになって、日常の景色がきっと大きく変わると思いますよ。

探す場所 ① 緑のあるところ

まず手始めに、ちょっとした木立があるところや街路樹があるところを探してみましょう。木々（緑）があるところに鳥がいる理由は、そこで鳥たちが木の実や虫などの食べ物を探したり、天敵から身を隠したりするからです。また木々は暑さや寒さを避ける場所にもなります。夏は直射日光を遮ってくれます。秋冬は風よけになりますし、木そのものは周囲よりも暖かいので、近くにいるだけで寒さを和らげてくれるのです。

そして、広い公園ほど緑が豊富なので、ひとつの種あたりの羽数が増えます。さらにいろいろな植物があるので、鳥の種類も増えるというわけです。

探す場所② 水のあるところ

ちょっとした池や川沿いなどの水辺もねらい目です。道路わきにある幅50cmくらいの側溝にはさすがにいませんが、川幅が2mくらいあるようなところであれば鳥は、意外といます。川岸に緑（植物）があれば、いる確率がより上がるでしょう。

川に鳥が多い理由は、鳥たちがそこに水を飲みに来たり、水浴びをしたりするから。ツバメなどは水生昆虫をエサとしてねらって、川の上をよく飛んでいます。

さらに水辺という環境を、日常的な生息場所としている種もいます。たとえば、カモ類やサギ類がそうです。これらの鳥は、水辺でエサをとり、また水辺で休息をとります。

探す場所③ 高低差があるところ

平坦な場所より、高低差があるところも鳥の観察ポイントです。

斜面などの高低差があるところは、たとえ数mの距離であっても、水はけや日当たりなどの環境に微妙な違いが生まれます。すると、生えている植物も変わるため、鳥たちにとってそれだけエサのメニューが豊富になるのです。

また高低差があると、こちらからも観察しやすくなります。平坦な場所だったら、一番手前にある木しか見えません。でも斜面ならば、奥の木にとまっている鳥も観察できます。ひな壇と同じ理屈です。そういう場所を探してみましょう。

季節

真夏以外は観察しやすい

鳥の観察は1年中楽しめる、と言いたいところですが、じつは夏（7月初めから9月中旬くらい）はあまり向きません。でも、それ以外は季節ごとに楽しめます。

4〜6月は子育ての季節

とくに鳥を見るのにおすすめなのは、4〜6月ごろで、鳥たちの子育ての季節です。オスはさかんにさえずって、メスに求愛したり、ほかのオスに自分のなわばりを宣言します。その際、目立つところで鳴くことが多いので、私たちは、その声をたよりにどこに鳥がいるかを見つけやすく、そして観察もしやすいのです。

一方、7月から晩夏までは鳥を見づらくなります。子育てが終わり上記のような行動がおさまるからです。さらに、木々の葉が生い茂って鳥を見つけづらくなります。セミの声もうるさく、鳥の声が聞こえません。加えて一部の鳥はあまり飛べなくなるので（P146）、動きがなくなります。

初夏、親鳥は子育てに大忙し。ツバメは虫を捕らえて巣立ったヒナに与える。

秋になると「ヒッヒッ」という声を耳にするが、それは渡って来たジョウビタキの声。

秋から冬は公園に鳥が増える

夏が終わり、秋から冬（9月中旬から3月ごろ）は、木から葉っぱも落ちて鳥を見やすい時期です。

また、子育てから解放され、鳥たちの行動範囲が広がります（P156）。

どういうことかというと、子育てをするときは、「①巣をつくれる場所」「②エサをとれる場所」「③巣立った子どもが安全に過ごせる場所」というように、いる場所に制約があります。しかし、秋冬になると①と③の制約はなくなるため、小さな公園でもいろいろな鳥が見られるようになるのです。

また、季節の変わり目にあたる春先（3月）と初秋（9月末ごろ）は、鳥たちが入れ替わる季節。日本には、ツバメのように春に南から渡ってきて秋に南へ帰っていく鳥たち（夏鳥）がいます。また、ハクチョウのように秋に北から日本に来て、春に北に帰っていく鳥たち（冬鳥）も。

ということは、季節の変わり目は運がよければ夏鳥と冬鳥の両方を観察できるのです。逆に運が悪ければ、ちょうど両方ともいない、ということもあります。

季節のうつろいを鳥で感じる

同じ公園でも、季節によって見られる鳥が変わるので、それも楽しみのひとつ。

何年か続けて観察していると「暖かくなってきたと思っていたら、もうウグイスが鳴く季節だ」とか「ツグミがやってきた。これから寒くなるのかな」と鳥たちを見て、季節のうつろいを感じられるようになります。

天気 風のない日が観察向き

小雨程度ならば、問題ありません。鳥たちは小雨くらいならほとんど気にせず活発に活動しています。むしろ、雨のおかげでこちらの接近に気づきにくいのか、天気のいい日より、近くで観察できたりします。

一方、風が強い日は観察には向きません。風が吹いていると、風音で鳥の声も聞こえにくいし、鳥が動いても見つけづらくなるからです。というわけで、観察には風のない小雨から晴れの日が向いています。

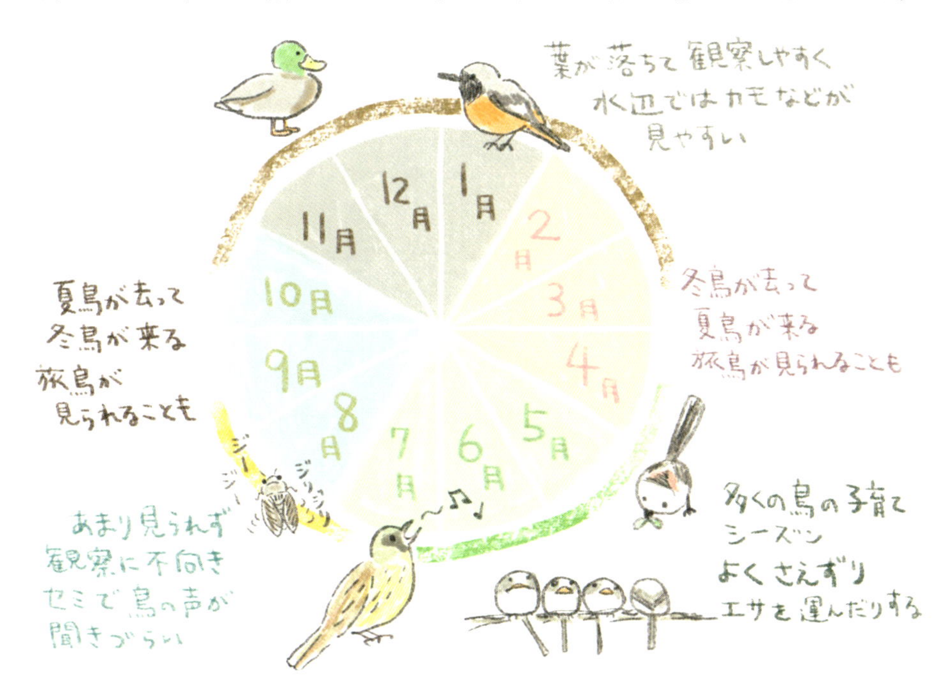

時間帯 ① 早朝が観察しやすい

観察に行くなら、とにかく朝がおすすめです。朝は早ければ早いほどよくて、鳥たちは日の出の30分くらい前から活動を始めます。とくに早朝2時間は鳥を見つけやすい時間帯です。

そのあと、だんだんと見られなくなり、4～6月は、せいぜい朝10時くらいまでが見頃。そのあとの時間帯は、あまり鳴かないし、姿を見かけることも減ります。

秋冬は、もう少しあとでも大丈夫ですが、やはり午前中のほうが観察しやすいでしょう。ただし、早朝に天気が悪いと昼間でもさえずることがあります。たとえば朝からずっと雨で午後3時ごろに急に晴れた、というような日は、その時間からでも鳥たちはよく鳴きます。夕方も朝ほどではありませんが、鳥たちがさえずる時間帯です。

このように観察のしやすさは時間帯によって違うので、早朝に行ったら何種も見られる場所なのに、お昼過ぎに行ったら鳥影すらない、なんてこともあります。逆にいえば、「鳥なんて見たことない」なんて思っている近くの公園でも、早朝に行ってみると違うかもしれません。

鳥を見始めると、鳥たちにとって時間帯というのが、いかに大事かわかります。私たちにとっても、観察のために早起きするきっかけになるかもしれません。

時間帯 ② 太陽の位置と干潮時刻に気をつけよう

観察の時間を決めるとき、さらに2点、気にしないといけないことがあります。

ひとつは太陽の位置。たとえば、ある湖で鳥を見たいが西側からしか見られないという場合があります。また、南北に流れている河川で、西側の堤防にいい観察ポイントがある、なんてことも。

このような場所では、早朝に行くと、観察したい鳥の後ろから太陽が昇ってくることに。これでは鳥たちが真っ黒に見えて観察を楽しめません。これを逆光といいますが、こんなときは曇りの日に行くとか、太陽が昇ってから行くといいでしょう。

もうひとつは潮の満ち引きの時刻です。干潟などでは、鳥たちは潮が引いて砂地が出ているときにゴカイやカニを食べます。それゆえ満ちていると観察できません。

ただし最干時刻（もっとも潮が引く時刻）だと、広い干潟に鳥たちが散らばってしまって、これまた観察しづらくなります。最干時刻の3時間くらい前から観察するのがおすすめです。

潮が引いた干潟は
シギたちのレストラン

ケーススタディ 1　朝×水場のある大きな公園

「水場のある」「大きな緑地」に「早朝」行ってみましょう。たとえば、総合公園のような大きな公園、広い寺社、城跡、河川敷など。

なかでも城跡はおすすめです。高低差があり、鳥たちが好む古い大木が残っていたりします。お堀や池があれば、夏にはカワセミが、冬にはカモの仲間がいるかもしれません。

ケーススタディ 2　環境の変わり目

異なる環境が接するところでは、観察できる鳥の種数が増えます。

たとえば田んぼの真ん中では、田んぼを生息環境とする鳥しか見られません。しかし山際にある田んぼならば、山際と田んぼ、それぞれに生息する鳥が観察できます。さらに、巣は山際の木につくり、エサは田んぼで探すような鳥も、観察できるようになります。

鳥をどう探す？ 見つけるテクニック

目と耳で鳥のいる場所を見つけよう

鳥を見るのに慣れていないと、なかなか鳥が見つからないものです。いつ、どこへ鳥を探しにいけばいいかわかったら、次に重要なのは鳥を見つける技術です。そのために、「視覚＝目」と「聴覚＝耳」を研ぎ澄ましてみてください。

目配り 「見つけやすい」場所とは

鳥を観察するには「鳥がいる」と「見つけやすい」の組み合わせが大切です。たとえば、木の梢などは、鳥がとまりやすい場所で、かつ見つけやすい場所。電線などもそうです。

一方、ウグイスのように藪や木の中にいるのが好きな鳥もいて、それは「鳥はいる」けれど「見つけにくい」という状況です。そういうときは、どこか一点に注目するのではなく、ぼーっと広く全体を眺めてみましょう。しばらくすると運よく鳥のほうが動いて見つけられるかもしれません。

どんな鳥が、どんなところで見つけやすいかは、P4～13でも紹介しています。まずは、そういったところを注意してみてください。慣れてくると、「鳥がいる場所」かつ「見つけやすい場所」がわかってくるはずです。たとえば、散歩コースであれば「スズメは午後になると、いつもこの生垣に集まっている」とか「ハシボソガラスはこの木がお気に入りらしい」など。そんな自分ならではの発見ができると、観察がどんどん楽しくなっていきます。

耳配り　聞き耳を立ててみよう

早朝、車の音や人の往来の音が少ない時間帯に、耳を傾けてみてください。季節や天候などにもよりますが、思ったより、いろいろな鳥の声が聞こえてくるのではないでしょうか？

じつはその声は今までもしていたのですが、それまで気づかなかったものです。

はじめのうちは、いろんな音の中に鳥の声がまぎれてしまい、頭がごちゃごちゃするかもしれません。そんなときは、まず鳴き声がどこから聞こえてくるのか、方向を絞ってみましょう。我々の耳はけっこう高性能で立体的に音源を辿れます。訓練するとさらにその精度が上がっていきます。

そして慣れてきたら、鳴き声の中から特徴的なフレーズを見つけましょう。わかりやすいのは、シジュウカラの「ツツピーツツピー」という声やカワラヒワの「キリリコロロ」など。そんなフレーズを聞き分けられるようになれば、しめたものです。

鳴き声をたよりに鳥がいる場所を探してみよう

林の中で鳥が鳴いているのはわかるのに、なかなか場所が絞れない、ということがあります。

その理由は、鳥のほうも静止して一方向を向いて鳴いているわけではなく、右を向いたり、左を向いたりしながら鳴いているから。さらに声の大きさや高低も変化するため、なおさら絞りにくくなります。

鳥たちがそのように鳴くのは、自分の声を広く伝えつつも、タカなどの天敵に自分の位置をわかりづらくするためかもしれませんね。

そんなときは、少しだけ（角度でいうと10度くらい）右を向いたり、左を向いたり、あるいは左右に50㎝ずつ動いてみましょう。こうすると、鳥の鳴いている場所が絞りやすくなることがあります。

帽子をかぶっているなら、脱いだほうが探しやすくなることも。帽子のつばが音を跳ね返していると位置を探りづらくなるからです。

これらに気をつけて慣れてくると、だんだん鳥がいる場所がわかるようになります。

この鳥の名前は？
［種の見分け方❶］見た目編

大きさ、色、歩き方、飛び方…その鳥の特徴を見つけよう

鳥を見つけられるようになったら、いよいよ種を見分けていきましょう。慣れるまでは難しく感じるかもしれませんが、違いに気づけるようになると、案外スムーズに判別できるようになります。

注目すべきポイントがいくつもあります。これらを理解していくことで、識別がぐっと簡単になります。

大きさ　重さや大きさは?

鳥によって大きさはいろいろです。スズメとカラスでは、重さも桁違い。重さでいうとスズメは25gくらいですが、実際はわりと幅があり、20g以下から30gに迫ることも。カラスはその30倍くらいで約750g。ヒヨドリは100g近くあります。

大きさの印象はあてにならない

大きさは種を見分ける上で重要ですが、一筋縄ではいきません。

あるとき学生から「茶色で地面をほじくっているカラスくらいの大きさの鳥が大学前の芝生にいました。どの鳥でしょうか」と相談されました。候補の鳥の写真をいくつか見せても、どれも違うようです。迷った挙句ツグミを見せると「この鳥でした!」とのこと。でも、ツグミとカラスでは大きさがずいぶん違います。

じつは、我々の目はモノの大きさを判断するのは苦手です。近くのものなら両目で見ることでだいたいわかります。遠いものでも、すでに大きさがわかっているものがそばにあれば、そこから推測できるのです。たとえば、車の大きさを知っているので、その隣にいる鳥の大きさを推測できたりします。

けれど先ほどの芝生の上にいるツグミのように、大きさを知らない鳥が、まわりにくらべるものがない状態でいると、難しくなります。同様に、青空を背景に鳥が飛んでいるときも、くらべるものがないので、大きさを推定するのが難しくなります。

ですが、慣れてくると、その鳥の動く速さや、特徴的な動き（P102）を手がかりに、種を推定していくことができるようになりますので、試してみてください。

配色 色や模様の特徴は？

体の色や模様は、鳥を識別する上でとても重要です。どんな色をしているかよく見てみましょう。

顔のまわり

顔のまわりは、その種の特徴を表していることが多く、たとえばメジロは、目のまわりの「アイリング」に特徴的な色があります。目をまたぐようについている色を「過眼線(かがんせん)」と呼び、ハクセキレイは細い過眼線、モズは太い過眼線が特徴です。また、目の上の眉の部分も見分ける際にポイントになる箇所。ここを「眉斑(びはん)」と呼び、ツグミなどにあります。

そのほか、頬や首筋の色も重要な見分けポイント。さらに頭の真上にある線「頭央線(とうおうせん)」も識別ポイントのひとつです。

column

「ものさし鳥」は大きさの基準になる

身近な鳥を見慣れてくると、それらと比較することで、はじめて見る鳥でも「このくらいの大きさかな？」と見当をつけられるようになります。この基準となる鳥を「ものさし鳥」と呼びます。

もっとも小さなものさし鳥はスズメ。たとえば、メジロはスズメより小さく、ハクセキレイはスズメより少し大きめです。さらに大きなものさし鳥としてムクドリやヒヨドリがあり、その次にハト、カラスが続きます。

スズメ

ムクドリ

ヒヨドリ

ハト（ドバト）

カラス（ハシブトガラス）

腰の色

さらに、いくつかの種では、腰の色も識別する上で重要です。とくにツバメのように飛んでいてなかなかとまってくれない鳥は、腰の色はいい識別点。ツバメは黒で、イワツバメは白。ムクドリやシメも飛んだときに腰が白く見えます。

尾羽の模様や形

▶**尾羽の模様**　尾羽の模様も重要です。ホオジロの尾羽は両端が白。ホオジロは、道沿いの藪の中にいることがありますが、こちらが歩いて行って驚いて飛び立ったときでも、尾羽の両端の白い色から「ホオジロかな?」と推測できます。

▶**尾羽の形**　尾羽の形も、種によって違いがあります。三味線のバチの形をしたようなものや扇形など、いろいろです。

なお、こういった違いはきっと鳥たちにも便利だろうと思います。というのも、群れになって飛ぶときに、後ろから見て、自分と同じ種かどうか見分けられるからです。

体の形　嘴、足、首の長さ

鳥の体のさまざまな部位の長さや形、あるいはそれらのバランスも見分ける際に便利です。

▶**嘴の形**　嘴は鳥によって大きく違い、それぞれの生態に適した形をしています。シメのように硬いものを食べる鳥は丈夫な太い嘴、メジロのように蜜を吸う鳥は花の奥まで届くように細い嘴です。

▶**足の長さ**　足も鳥によってさまざま。サギの仲間は水のある場所でエサをとるので長い足をしています。また、小さな鳥でも足の長さには違いがあり、ツバメのように主に飛ぶのに特化している鳥は足が短く、ウグイスのように藪の中で草をつかんで移動する鳥は、長い足です。

▶**首の長さ**　サギのように1カ所に立って魚をねらい、首に「ため」をつくって、魚が来たらすっと伸ばしてとるような鳥は長い首をしています。一方、同じ水場でエサをとるカワセミは、エサを求めて自分から飛び込むので首は短めです。

このように、生息環境や食べているもので体の形が違うので、この鳥はなぜこんな形をしているのかを考えてみるのもおもしろいですよ。

枝や電線へのとまり方

鳥の種類によって「とまり方」にも違いがあります。わかりやすいのはコゲラなどのキツツキ類。木の幹に垂直にとまることができ、ほかの鳥にはできない芸当です。

枝や電線にとまる姿勢もさまざまで、ツバメなどは垂直、ハクセキレイなどはやや前傾姿勢でとまります。

波状か直線か

鳥は当然ながら頻繁に飛びます。飛ぶとじっくり観察できないので、種を見分けるのは難しい気もします。でも飛ぶ姿にも見分ける手がかりはあるのです。

鳥の飛び方は、大きく分けて2種類。波型（波状飛行）と線型（直線飛行）です。

街中で波状飛行をするのは、コゲラ、ヒヨドリ、ハクセキレイの3種と思っていいでしょう。これらは、大きさや色合いが違うので、むしろ飛んでくれさえすれば遠くからでも識別できます。

街中で見かけるほかの種は、だいたい直線飛行です。とくにムクドリはほぼ直線的に飛びます。対して、スズメは浅く波を打ち、オナガは少しふわふわした感じで飛びます。

群れの大きさや動きからも種を見分けられます。数百羽で、まるでひとつの生き物のように密に飛んでいれば、ムクドリの可能性あり。ヒヨドリであれば、これほど大きな群れにならず、1羽1羽の間にわりと大きな隙間があります。

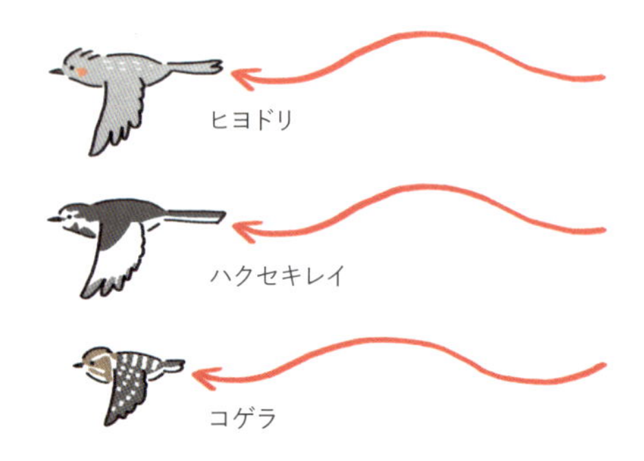

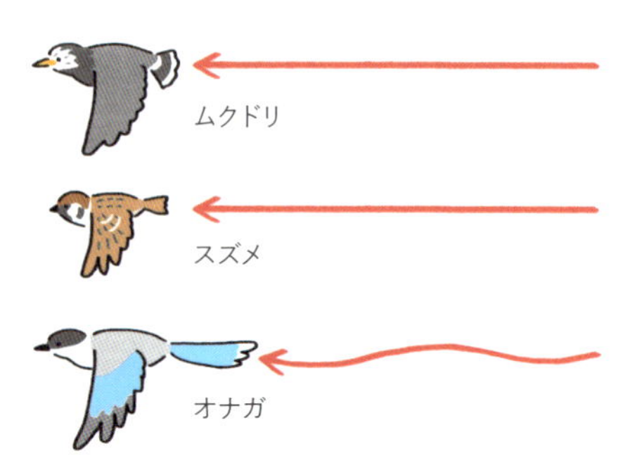

ウォーキングかホッピングか

鳥が地上で移動する動きも、大きく2つに分けられます。片足ずつ交互に出すウォーキングと、両足をそろえて跳ねるホッピングです。

種ごとにどちらをよくするかがだいたい決まっていて、とくにカラスを見分けるときに役立ちます。ボソはウォーキングが多く、ブトはホッピングが多いのです。

また、ひとくちにウォーキングといっても種ごとに微妙に違い、ハクセキレイは小走りで、ムクドリはのそのそ歩きです。

ホッピングについても違いがあり、スズメは普通に跳ねますが、ツグミはときどきピタリと静止を挟みます。そのときにエサを探しているようです。

ウォーキング（ムクドリ）

ホッピング（スズメ）

尾の動き、カモの採食

ほかにも、種を見分けるときに役立つ特徴的な「動き」があります。

ジョウビタキ、ハクセキレイ、モズなどは、とまっているときに、頻繁に尾を動かします。ですから、遠目で見ても尾を動かしている鳥がいたら、このどれかではないかとあたりがつけられるのです。

カモ類は、潜り方が大きく分けて2種類あります。カルガモなどは、水面に浮いている食べ物を潜らずに食べます。たまに潜っても、頭だけを水中に入れてお尻は浮いたまま。一方、キンクロハジロやホシハジロは、魚や貝類を食べるので、体全体で潜っていきます。

水面にある食べ物を潜らずに採食

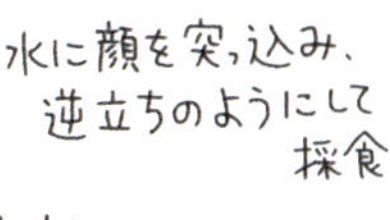

水中に体全体を入れ、潜って採食

キンクロハジロ

この鳥の名前は？
［種の見分け方❷］鳴き声編

鳴き声を聞きなしたり、マネたりしてみよう

鳥の声を聞いただけで、種がわかるようになると、毎日がもっと楽しくなります。たとえば「あっ、何かきれいな声が聞こえる」ではなく「あっ、メジロが鳴いている！」と気づけるようになれば、日々の生活に彩りがでてきます。そうなるには、ちょっと時間がかかりますが、ゆっくり進めていくのも素敵な体験です。

鳴き声をカタカナで表記してみる

はじめて見た鳥だったら、その姿を図鑑と照らし合わせればいいのですが、鳥の声はなかなかそうはいきません。

こんな声だったと思い出そうとしても難しいですし、文字に書き起こしてみても、実際の声を文字で表すのは大変です。

たとえば「フーフフィハッ」と書いても何のことやらわかりません。じつはこれはウグイスの声をカタカナで置き表したものです。

そこで昔の人は、覚えやすいように鳥の声を身近なもので表現しました。それを「聞きなし」といいます。有名なのはウグイスの「ホーホケキョ」で「法華経」の聞きなしです。でも「聞きなし」がない鳥の声もたくさんあります。

鳴き声を録音してみよう

では、はじめて聞いた鳥の声の正体を知りたいときはどうしたらいいでしょうか?

まず、録音できるならスマホなどに鳴き声を録ってみてください。あとで自分が確認するためなので、雑音が混ざっていても構いません。録音ができなかった場合は、記憶が新しいうちに自分の声でマネしてスマホに録音してもOKです。

そして本書の鳴き声QRコードなどで、鳴き声の主を探してみましょう。バードリサーチの「さえずり検索」もおすすめ(URLはP222)。スマホやパソコンから操作可能で、位置、環境、声の質などから種を推定してくれる優れものです。

そうして鳥の声と種が一致したら、次にその声と出あったときに、その鳥の声だとわかるようにしたいもの。でも、声そのものを覚えるのは大変です。

そこで、その声を聞いたときの自分なりのイメージと関連づけてみてください。たとえば、元気がいいとか、騒がしいとか、金管楽器のようだとか、やわらかそうとか。声から想像できる色や景色などでもいいでしょう。こうすることで、鳴き声を覚えやすくなります。さらに、口笛などでモノマネできたりすると、より覚えやすくなるでしょう。

図鑑を見ても種がわからないのはなぜ?

図鑑や鳴き声を調べたのに「自分が見た(聞いた)鳥が、どの種なのかわからない」というのは、よくあることです。まず図鑑などに掲載されている写真は、代表的なものにすぎません。実際は、雌雄、年齢、季節によって、微妙に姿や形が変わります。さらに光の加減で色も違って見えるものです。カラスについては“カラスの濡れ羽色”という言葉があるくらいで、光の当たり方で、翼が青や緑にも見えたりします。

鳴き声についても、収録されているのは典型的な声が多く、その種が発するすべての声が記録されているわけではありません。実際の観察では、鳥にくわしい人でも「この鳥ってこんな声を出すんだ?」とびっくりすることもあるくらい。それに鳥の声には、方言もあって地域によって微妙に(ときに大きく)違うのです。

子どものころにレタスとキャベツを間違えたことはありませんか? わかってしまうとなんでもないのですが、はじめはそんなものです。でも、経験を重ね、数をこなしていくと、だんだんとわかるようになっていきますから、その過程もどうぞ楽しんでください。

どの鳥がいたのかな？フィールドサインを知ろう

鳥がいた痕跡はいろいろある！

「立つ鳥跡を濁さず」といいますが、実際は、鳥はいろいろな形で痕跡を残します。たとえば、足跡、フン、古巣、そして抜けた羽根などです。

これらをフィールドサインと呼びます。フィールドサインは、自然のなかで鳥たちが生活している証。探偵になったつもりで、ぜひ犯人を突きとめてみてください。

大きさや歩き方をチェック

フィールドサインという言葉は、野生動物一般に使われます。雪原のウサギの足跡や、木に刻まれたクマの爪痕などもそうです。哺乳類なら地上にいるので痕跡を残しやすい気がします。

じつは鳥でも、砂浜、水辺の泥、雪の上などに、足跡が残っていることがあります。足跡だけから「この種だ」と断定するのは難しいのですが、大きさ、歩き方で、ある程度は絞れるものです。

たとえば道路に積もった雪の上に、道路を横切るように5cm大の足跡があったとします。大きさからしてカラスっぽいですが、カラスだったらエサを探すために、所在なげにふらふらしそうです。この足跡の主は、道路をただ横切ったのです。しかも飛ばずに。となると地上で活動するキジの可能性が出てきます。

食痕 散らばった羽から野菜の被害まで

鳥たちの食べた跡（食痕）に出あうこともあります。

河川敷や大きな公園などでは、ハトの羽根が散らばっていて、これはオオタカなどの猛禽類がハトを襲って羽根を抜いた跡。

また公園の木々には、幹に2～3㎝くらいの穿(うが)った跡がしばしばあります。これはコゲラがエサを探すために木をつついた跡です。お気に入りの木があるようで、1つの木にたくさんあいていたりします。

我々にとっては迷惑ですが、カラス類がゴミ袋を破いたものや、畑の野菜、果樹園の果物が食べられた跡も食痕です。

ペリット 未消化物を吐き出す

鳥たちは、我々と違って料理もしませんし、また嘴には歯がないので、わりといろいろなものを丸呑みします。木の実くらいならわからないでもないですが、サギの仲間やカワセミは魚を頭から丸呑みします。

骨などは消化できません。そこで鳥たちは、ペリット（ペレットとも）という未消化物のかたまりを口から吐き出します。細長い俵状をしていて、何が含まれているかは種によっていろいろ。穀物の殻、昆虫の羽根、骨、羽毛などが含まれています。

その鳥が、よくとまっているところで見つかりやすく、とまり木の下、ねぐらの下、橋の欄干などが多いようです。ペリットを集めて、その鳥が何を食べているかを調査している人たちもいます。

位置や大きさから推察する

秋になって落葉すると、街路樹の中に小枝や草の塊を見つけることがあります。これは鳥の古巣です。

15mくらいの高木の、幹や太い枝の近くにある直径50cmくらいのものなら、カラス2種のどちらかでしょう。それより小さめのものはキジバトでしょうか。

10m弱の木の細い枝先にある直径10〜15cmくらいならヒヨドリやメジロなどの可能性があります。

なお、ムクドリやスズメは木に巣はかけません。木にあいた穴か、あるいは建物や鉄骨にあいた穴の中につくります。

よくとまる場所の手がかりに

鳥には我々と違ってトイレがありません。排泄は特定の場所でするのではなく自由にします。飛びながらすることも。そして、鳥がよくとまる場所やたくさんいる場所では、よくフンが落ちています。

電柱の下に白い飛び散りがあれば、おそらくカラス類のもの。落下の衝撃で広がったものです。公園の中の特定の木の下に、小さなフンがたくさん落ちていれば、ハクセキレイなどが集まってねぐらをとった跡でしょう。

フンは橋の欄干でもよく見かけ、これはカモメ類やサギ類の可能性あり。川の瀬に突き出た石に白いフンの跡があれば、カワセミやセキレイ類がよくとまるお気に入りの場所かもしれません。

羽根 拾って日付と場所を記録

そして、鳥のフィールドサインのうち、もっとも心惹かれるのは羽根です。形も色も美しいものが多くあります。

まず知っておいて欲しいのは、鳥の羽根は部位によって大きく形が違うということ。

目にする機会が多く、いかにも鳥の羽根に見える部位は、翼か尾のものです。これらは風を強く受ける部分で羽軸がしっかりしているのが特徴。

一方、お腹や背中の羽根は、羽軸は小さく長さも短くなります。

羽根を見つけたら、とりあえず拾ってみてください。素手で触ってもあとで手を洗えばいいですが、気になるならば使い捨ての手袋などをはめておきましょう。羽根はそのままだと傷むので、ジッパー付き保存袋などに入れ、拾った日付と場所を記入しておきます。そして羽根だけを掲載している図鑑やウェブサイト（URLはP222）があるので照合してみましょう。海外サイトもありますが、今は翻訳も簡単になったので、なんとかなると思います。

羽軸があり、しっかりしているのは尾か翼の羽根。

column

人それぞれ、楽しみ方もいろいろ

鳥を見分けたいのに、色の識別が苦手な人がいらっしゃるかもしれません。私の知人にもそのような人がいて、新緑のなかにいる赤く目立つ鳥が見つけづらかったりするようです。

ところが、その人はとても正確に鳥を識別します。色ではなく形で判別するそうです。嘴の微妙な曲がり方とか、体全体のバランスとか。逆光で鳥の色が見えない状況で（見ている鳥の向こうに太陽があって、鳥のシルエットしか見えないとき）、その場にいる誰もが、その鳥が何かを自信をもって確定できないときでも、その人は「△△で間違いない」と断定できて、実際にその通りなのです。

視力の関係から遠くの鳥が見えづらい人もいらっしゃるかもしれません。そんなときは声を楽しんでみてはどうでしょうか。

鳥の声が、聞こえづらいのであれば、今度は姿や動きに注目したり、鳥のいる場所の雰囲気を肌で感じたりしてもいいと思います。

鳥の種を見分ける方法は、人それぞれで構いませんし、そもそも見分けられなければならないわけではありません。自分の特性や年齢に応じて、いろいろなバードウォッチングを楽しんでみてはどうでしょうか。

第3章

服の色から双眼鏡・望遠鏡・
カメラ選びまで

鳥を観察する
服装や道具

服・帽子・靴・カバン…
鳥を観察するときは何を着る？

特別な服装は必要なし。ふだん着でOK!

野鳥観察の本などでは、観察に行くときのおすすめの服装が紹介されていることがあります。目立たない服装で帽子をかぶり、長靴を履いて、リュックサックを背負った姿などです。

こういう格好は、それなりに利点はあります。でも本書では、身近なところで観察することを目指しているので、服装や持ち物は気にしなくて構いません。ラクな格好でお出かけください。

服 目立たない色がホントにいい？

野鳥観察の本では「服の色は自然に溶け込むようなものがいい」と書いてあるものがあります。しかし私が知る限り、派手なものを着ていると鳥に近づけないということを示した研究はありません。山の中で、調査や撮影のため、本当に鳥に気づかれないように近づくのであれば、迷彩服や迷彩テントなどが必要かもしれません。

でも、少しくらい服の色を地味にしても、鳥たちは我々の接近にちゃんと気づいています。そして、鳥の目と我々の目はかなり違うことを知っておきましょう。ヒトは紫外線（UV）が見えませんが、鳥には見えています。たとえば服は茶色でも素材がUVカットであったり、露出部に日焼け止めクリームを塗っていれば、それらは紫外線を跳ね返すので、鳥にはかえって目立って見えるのかもしれません。

そもそも街では派手な色の服を着ている人がたくさんいます。鳥を観察するようになるとわかりますが、そういう人が通っても鳥は逃げません。ところが、自然に溶け込む服装をしたバードウォッチャーが、観察しようと鳥に意識を向けたとたん、鳥がパッと飛び立って逃げていく、というのはよくあること。私はそういうのを「殺気が出ている」と呼んでいます。おそらく鳥たちは、格好より我々の行動をよく観察していて、「あの人はこっちを意識しているから危険だ」とすぐ気づくのでしょう。

というわけで、服装については過度に気にする必要はありません。鳥に見つかりにくいことを気にするより、動きやすいとか歩きやすいものを選びましょう。

長袖 虫よけ対策を！

近所を散歩して観察する場合、服は何でもいいのですが、大きな公園などで鳥を見るなら、長袖長ズボンで肌の露出を減らすといいでしょう。肌が出ていると蚊に刺されやすいからです。とくに観察中はじっと集中している場合が多いので、蚊にとってはいい獲物になってしまいがちです。

また、植物の中には触れるとかぶれるものもあります。都市の公園ではそういう植物は管理されていて少ないのでは？と思うかもしれませんが、じつはそうでもありません。ハゼやヌルデなどのウルシの仲間は、わりと普通に生えているので注意が必要です。

帽子 「つば」に注意して選ぼう

蚊は露出したところをねらってきますが、頭を刺してくることもあります。そしてご存じのように頭を刺されると、とてもかゆく、しかもかゆみ止めが塗れません。それを防ぐために帽子をかぶるのがおすすめです。もちろん帽子は、日よけ対策や、冬には寒さ対策としても有効です。

ただし、帽子をかぶって鳥を観察すると、鳥の声が帽子のつばで反響してしまって、鳥の位置を絞りづらくなります。カウボーイハットのように、帽子のつばが上に反った形だと大丈夫です（ひょっとしたら、そのための形なのかもしれません）。

虫対策のためだけなら、手ぬぐいやバンダナを頭に巻くという方法もあります。

長靴は携帯用が便利

歩きやすい靴であれば何でも構いません。近所を散歩するならばサンダルでもいいくらいです。でも、舗装をされていないところを歩く場合は、指が隙間から見えるような履物は避けたほうが無難。虫に刺されたりトゲが刺さることも。

湿地など足場が悪いところに行くなら、いっそのこと長靴を履く手もあります。普通の靴だと汚れたり、濡れたり、服の裾に泥が跳ねたり。最近は携帯用の長靴というものがあり、折り畳むとかなり小さくできます。

なお、あまり安い長靴はおすすめしません。舗装道路を歩くならそれで問題ないですが、足場の悪いところに華奢な長靴で行くと、草や枝が突き刺さり、わりと簡単に穴があいてしまうからです。

リュック？　肩かけカバン？

カバンはリュックサックがよいというのもわからないでもありません。両手が自由になるからです。ですが、リュックだといちいち動作に時間がかかるのです。たとえば図鑑を出し入れするにも、いちいち背中からおろさなければなりません。

荷物がたくさんになったり重くなったらリュックしか選択肢がありませんが、そうでなければ肩かけカバンがいいかなと思います。立ったまま、図鑑を出したり、ノートを出したり、スマホを出したりできるからです。ただし、肩かけカバンは肩が痛くなります。そういう人は、ベルトで腰に固定できるものを探してみてください。肩への負担を減らすことができます。

高機能な衣服

気軽に野鳥観察を始めて欲しいので、服装や装備はここまで書いたように、ちょっと気をつければいいだけです。

しかし、それだと野鳥観察をする腰が重いというときは、あえて形から入るというのもひとつの方法です。最近のアウトドアウェアには高機能なものがたくさんあります。薄手なのにびっくりするくらい暖かかったり、汗をかいても冷えなかったり。防虫効果をもつ服もあります。

アウトドアウェアは、ふだんの服とは重ね着の仕方が違います。3層からできていて、肌着の層（ベース）、保温の層（ミドル）、そして風雨を防ぐ層（アウター）です。たった3層ですが、これが温かく、調整もしやすいのです。

雨具（カッパ）も優秀です。安物の雨具だと、汗をかくと、その汗で蒸れてしまって、かえって寒くなることがあります。しかし高機能なアウトドアウェアだと、防水機能をもちつつも、湿度を外に逃がす仕組みになっているのです

せっかくなので、装備を一式そろえてみるのも楽しいもの。高機能の装備なら、雨だってへっちゃらになります。というか、快適すぎるので、日常的にアウトドアウェアを着る人もいるくらいです。

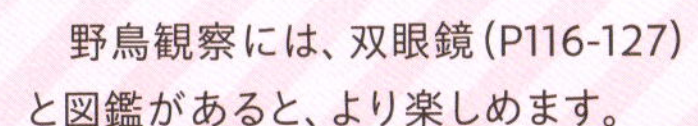

カバンに入れておくといいもの

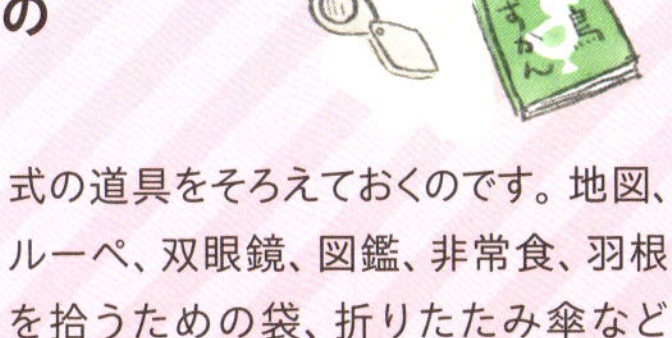

野鳥観察には、双眼鏡（P116-127）と図鑑があると、より楽しめます。

図鑑は近所の公園に行くなら本書で充分。遠出もするようになったら、数百種くらいが掲載されているものを1冊買ってそれを家でも外でも使うといいでしょう。

このように気軽に楽しんで欲しいのですが、あえてそれとは逆の提案として、野鳥観察を、日々の生活から離れてする、小さな冒険や探検と考えてみるのも心が躍ります。

専用のカバンを用意し、そこに一式の道具をそろえておくのです。地図、ルーペ、双眼鏡、図鑑、非常食、羽根を拾うための袋、折りたたみ傘などを詰めて。

山に行くなら簡単な救急キットがあるといいかもしれません。ポイズンリムーバーもあるといいかも。アブとかハチにさされたときに毒を抜くものです。私も5年に1回くらいしかポイズンリムーバーは使いませんが、それでも、刺された直後に使用すると、そのあとがずいぶんとラクになります。

鳥観察の必需品！
双眼鏡の機能と選び方

鳥を観察するなら、まず双眼鏡を用意しよう

野鳥観察で、最初に思いつく道具といえば双眼鏡。なくても楽しむことはできますが、あれば鳥たちの姿や行動を大きく引き寄せて見ることができ、その分、感動も大きくなります。また鳥から距離をとれるので、鳥たちを驚かせずにゆっくり観察できるという利点もあります。

それなら買ってみようと思って値段を調べてみると、安いものは数千円から、高いものはなんと数十万円もします。いったい何の違いがあるのか、そして、どれを選んでいいのやら迷うことかと思います。

いろいろ考え方はありますが、私としては次の3つの条件を提案します。「8倍×30㎜くらいの数値のもの」「価格は1万円を超えるもの」「防水機能（生活防水でOK）があるもの」です。これらについてくわしく説明していきます。

倍率と口径　「8×30」の意味

双眼鏡のカタログを見ると、8×30とか10×40などの表記が、大きく書かれています。

前の数字は倍率。値が大きいほど、遠くのものがよく見えます。8だったら8倍の意味で、100m先のものが12.5mくらいの距離にあるように見えるということです。10倍なら10mくらいです。

後ろの30や40という数字は、対物レンズの大きさ（直径）を表します。対物レンズとは、双眼鏡のうち目を当てないほうの対象物側についているレンズのこと。双眼鏡には、もうひとつ目を当てる側のレン

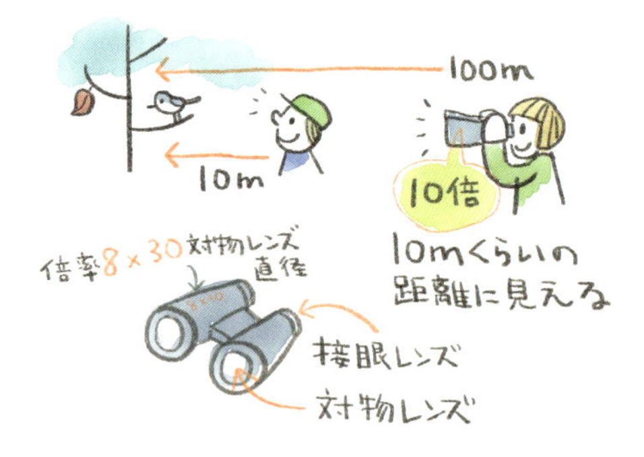

ズがあり、こちらを接眼レンズといいます。

対物レンズの値が大きいと、多くの光をとり入れることができるので、見え味が上がり、また明るくなります。カタログには「明るさ」という数値もあるはず。とくに森の中や、朝夕などの暗い状況では、この数値が高いほどよく見えます。

重さと大きさ 重さは大敵

倍率も対物レンズも、大きければ大きいほどいいような気がします。とくに倍率が高ければ、遠くの鳥を大きく見ることができますよね。実際、その通りなのですが、世の中いいことがあれば悪いこともあるのが常です。

重さと手ぶれの関係

これらの数値が大きいと、双眼鏡自体が大きく重くなります。持ち運びは不便だし、首から下げれば肩や首が凝ります。何より「手ぶれ」が発生するのです。

本書を読みながら手を少し震わせてみてください。文字が見えづらくなるはず。これが手ぶれ。双眼鏡で鳥を見る際には、双眼鏡を持つ手が震えることで、この手ぶれが生じます。

手ぶれは、双眼鏡が重いほど起こりやすく、さらに高い倍率でより起こりやすくなります。なぜなら、倍率が高いゆえに、手元でちょっと揺れただけでも、双眼鏡の中に見えているものは、大きくずれてしまうから。せっかくきれいな鳥を見つけても、これでは楽しめません。

重さと相談

というわけで、倍率は8～10倍くらい、対物レンズは30～40㎜くらいがおすすめです。この数値なら、鳥も大きく見え、重すぎないので手ぶれも起こりづらく、明るさも充分です。

公園で使うなら8×30を、重くても平気だったり、大きく明るく見たいというならば10×40もいいでしょう。

防水性能　湿度も大敵

双眼鏡にとって雨は大敵です。可動部分が故障する原因になるし、ひどいと双眼鏡の内部にカビが生えて、覗いても見えなくなってしまうのです。

湿度の高い場所に置いておくだけでもカビの原因となります。加えて気温差も問題。寒い日に外から暖かい部屋に入るとメガネが曇りますよね。それと同じことで、寒い日に外で使った双眼鏡を、暖かい室内に持って帰ると、内部が結露して、やがてはカビへと。

そこで防水機能のある双眼鏡がおすすめです。これなら上記のような気づかいは不要です。とはいえ、本体に水がついたら拭きとって、保管場所も高温多湿になるところは避けるようご注意を。

最短合焦距離　3mを目安に

双眼鏡のカタログをくわしく見ると「最短合焦距離（さいたんがっしょうきょり）」というのが出てきます。これは「ピントを合わせられる、被写体までの最短の距離」のこと。スマホのカメラでも、被写体にあまり近づきすぎるとピントが合わなくなりますが、それと同じように双眼鏡でもピントが合う最短距離には限界があるのです。

たとえば最短合焦距離が6mの双眼鏡であれば、6mより近くのものを見ようとしてもピントが合わず、ぼやけて見えます。野鳥観察なら、最短合焦距離が3mくらいの数値のものを選べばいいでしょう。それより近い場合には自分の目で見ればいいからです。

ちなみに美術館などで、ガラス越しに美術品の細部を見たいときは、この最短合焦距離はもっと近くないと役に立ちません。1m以内か、できればもっと短い距離でピントが合うものが必要です。野鳥観察用と美術鑑賞用の双眼鏡は別ものと割り切ったほうがいいでしょう。

アイレリーフ メガネの人は要注意

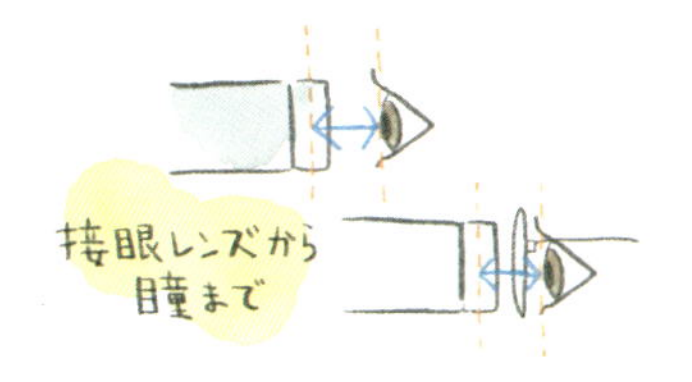

メガネをかけている人が注意しなければならないのが、アイレリーフ。

双眼鏡で何かを見ようとするときは、当たり前のことですが、双眼鏡の接眼レンズに目を近づけないとよく見えません。ただし、レンズと目が近づきすぎてもだめ。双眼鏡の機種ごとに、接眼レンズと目（瞳）の間には適切な距離が設計されていて、それがアイレリーフです。

メガネをかけている人はメガネが邪魔をするので、裸眼の人とくらべて双眼鏡の接眼レンズに目を近づけることができません。そこで、多くの双眼鏡ではアイレリーフが長めに設計されています。

この値が15㎜以上あれば、メガネの人でも大丈夫。ただし、特殊なメガネやレンズが厚い人は、もうちょっと長いものがいいでしょう。なお、メガネをかけていない人は、この値が大きいからといって見えにくくなるわけではないのでご安心を。

価格 高いのには理由（わけ）がある

買い物をする際にもっとも気になるのは、やはり価格でしょう。公園などで観察を楽しむなら、1万円を超えるくらいの価格帯のものをおすすめします。公園では、明るく近い距離で観察できることが多いので、これくらいの双眼鏡でも充分に楽しめます。これより下の価格帯のものは、見え味も悪く、目も疲れるため、結局、買いなおすことになりそうなので、あまりおすすめできません。

もし野鳥観察を趣味にし、観察のために旅行にまで行くというなら、より高い価格帯の双眼鏡もいいでしょう。よく見え、それだけ感動も大きくなります。逆光や薄暮（はくぼ）などの悪条件でも大丈夫。身近な公園と違い、旅行先の一瞬でしか出あえない鳥たちもいますから、その瞬間を、よりすばらしいものにできるでしょう。

年齢も考慮項目のひとつかもしれません。若いころは眼の性能が高いので少々のことは問題になりません。一方、年齢を重ねていくと双眼鏡に助けてもらう機会が増えるのです。それに若いうちは、人生が無限に続く気がするもの。人生も折り返しを超えると「この鳥をあと何回見られるだろう」と思ったりもするわけですから。

なお、道具一般に当てはまることですが、価格に対する性能は、はじめ直線的に比例し、その後、にぶくなります。あくまで個人的な感想ですが、双眼鏡では5、6万円くらいまでは、価格に伴って性能がまっすぐに上がると思っていいでしょう。

レンズ性能　色収差とゆがみ

数字ではなかなか表せないのが、レンズの性能です。とくに重要な「色収差の補正」と「周辺のゆがみ」について説明します。

レンズで色が曲がる?

たとえば、家の窓ガラスは光を曲げません。だから、窓を通しても大きさが変わらずにそのまま見えます。お値段が高い窓ガラスほど、おそらく性能が高く、よりゆがみなく見えます。一方、双眼鏡は、遠くのものを近くに見せるために、入ってきた光を、レンズを通して曲げています。基本的な考え方はメガネと同じです（細かく話すと、凸レンズか凹レンズかなどいろいろありますが）。

レンズで光を曲げる際、色によって曲がり方が微妙に異なります。青の光はよく曲がり、赤の光は曲がりづらいのです。そういう性質があるので、プリズムで光が分かれたり、虹で複数の色が見えたりします。

このようなずれを色収差といいますが、これが双眼鏡では、色の「にじみ」として生じます。仮に5m先に、青と赤の市松模様があったとしましょう。それを双眼鏡のレンズを通して見ると、青と赤では曲がり方がほんの少し違います。その結果、市松模様がきれいに並ばずに、それぞれの縁が少しだけ重なるように見えるのです。はっきりわかるほどではないのですが、なんとなく境目がぼやっとします。これが色のにじみです。

鳥を見るときも同じです。鳥の体色にはいろいろな色がありますし、さらに背景との違いもあります。青い空を背景にカワラヒワが木の梢にとまっていたとします。すると、さきほどいった理屈で色が重なるため、双眼鏡で見たカワラヒワの体が、なんだかボヤっと感じるのです。

光の曲がりを補正

高価な双眼鏡では、そういった色による光の曲がり方を補正してくれるレンズが入っています。色収差補正レンズとかEDレンズとか呼ばれるものがそう。4万円くらいの双眼鏡からこのレンズが入り始めます。そして、高価な双眼鏡ほど、その補正の精度が高くなるのです。

レンズの周囲のゆがみ

次に周辺のゆがみです。レンズというものは、構造上、端のほうは光がゆがみやすく像も、少しぐにゃりと曲がります。

低価格の双眼鏡は、それをそのままにしてあるので、意識的に視界の端のほうを見てみると像が曲がって見えるのです。一方、高い双眼鏡は、すみずみまで気を配っているので、ゆがみが少なく全体としてすっきりした見え味になっています。

なお、メガネをかけている人は、メガネのレンズで周辺部分がゆがみがちです。どうせゆがむんだからいいや、と思うこともできますし、メガネだけでもゆがむのだから、双眼鏡ではくっきり見えたほうがいい、と考えることもできるでしょう。

防振双眼鏡 手ぶれを消す

重い双眼鏡だと、どうしても避けられないのが「手ぶれ」問題。解決策としては、双眼鏡を三脚などに固定すればいいわけですが、それだと双眼鏡の手軽さが失われてしまいます。そこで、機械的に手ぶれを防止してくれる機能をもった双眼鏡が登場しました。それが「手ぶれ防止双眼鏡」あるいは「防振(ぼうしん)双眼鏡」です。

この機能がついた双眼鏡だと、倍率の問題が解消し、15倍くらいの双眼鏡でもよく見えます。また「飛んでいる鳥が、止まって見える」というと少々大げさですが、明らかに識別しやすくなります。波立っている水面にいるカモにも有効。なぜなら「鳥の揺れ」+「手ぶれ」の片方が解消されるからです。

ただし、手ぶれ防止機能がついた双眼鏡は重く、電池切れの心配もあり、なにより高価。さらに、純粋な見え味はどうしても落ちます。

でも鳥類を調査する際には、手放せません。調査の際には見え味とか感動よりも、「確実に何であるかわかること」が重要だからです。

column

「ポケット双眼鏡」はとにかく持ち歩きやすい!

もっと小さく軽い双眼鏡もあります。数値でいえば8×20くらいで、大きめのポケットや、ハンドバッグに入る大きさのものです。

メリットはなんといっても持ち運びのしやすさ。軽いので手ぶれの心配はありません。とはいえ、小さいからこそ安定して持ちにくく、かえって手ぶれしやすいものもあります。

デメリットは、対物レンズが小さくなるので、どうしても暗くなり、見え味が犠牲になること。アイレリーフも短いことが多く、メガネをかけている人には向かないかもしれません。また、小さな本体に性能を詰め込んでいるので価格は高くなりがち。

小ささや軽さを求めるならば、いっそのこと倍率を少し下げて6×20くらいがいいかもしれません。明るさも保てます。手ぶれのなさや視野の広さは、倍率の低さを補ってくれます。

ピントはどう合わせる？ 双眼鏡の使い方

正しい使い方を知って、より楽しもう！

どんな道具も使い方が悪ければ、その性能を引き出せません。同じことが双眼鏡でもいえます。ただ覗くだけでは、せっかく手にした双眼鏡の性能を引き出せていないかもしれません。上手に使って、一番いい見え味で楽しく観察をしましょう。

準備① 目当てを合わせる

まず、覗く前の準備です。裸眼の人は、接眼レンズと瞳の距離をとるために、目当て部分を引き出します。メガネの人は、目当てを引き下げます。ここの部分は、機種によって回転させるものもあれば、ゴム状で折り返す場合も。微妙な調整がきく機種もあります。

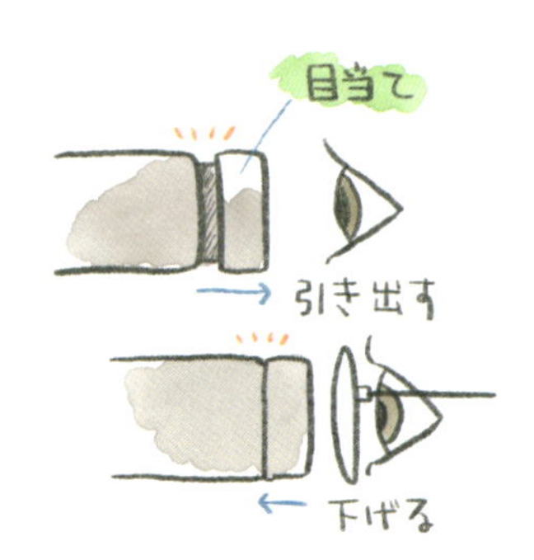

準備② 目幅を合わせる

次に、双眼鏡の幅が目の幅に合うようにします。双眼鏡は2つの筒が中央でつながった構造をしていますが、その連結部分を動かすことで、使う人に合った幅にすることができます。何か見るものを決めて、両目で双眼鏡を覗き、像がひとつになるようにしてみてください。うまく見ることができれば、立体的に見えるはず。

ここでちょっと注意が必要で、ものを両目で上手に見える人とそうでない人がいます。もし球技が苦手だとしたら、両目で見るのが苦手かもしれません（空中にあるボールの位置を正しく判別しづらいため）。そういう人は、双眼鏡を少し斜めにしたり、左右で目当ての高さを変えたり、調整をしてみるといいでしょう。

準備③ 左右の視度(しど)を調整

次は、右目と左目の視度調整（使う人の視力に合わせて見え方を調整すること）します。誰でも右目と左目で視力に多少の違いがあるのでそれを調整します。

まず看板の文字などピントが合ったことがわかりやすいものを見つけます。15mくらい先にあるものがいいでしょう。そして左目だけ開いて双眼鏡を覗き、中央のピントリングで、文字にピントを合わせます。その際、多少ピントがずれても目のほうが合わせてしまうので、目がラクにピントを合わせられるところを見つけてください。具体的には、目で合わせられるピントの範囲のうち真ん中です。

それができたら、今度は左目を閉じ、右目をあけます。右目の接眼レンズの基部に視度を調整するつまみがあるはずです。そこを回して、同じようにピントを合わせましょう。こうして一度、調整してしまえば、左右の目の視力の差はなくなるので、あとは中央のピントリングだけでピントを合わせられるようになります。

それができたら両目で覗き、必要ならば目の幅と左右の視度の調整を再度行って、目に負担のないようにします。これが双眼鏡の性能をもっとも発揮する状態です。はじめは10分くらいかかるかもしれませんが、視度調整は1度やればしばらく不要。仮にはじめからやり直す場合でも、慣れれば1分程度でできるようになります。

もし何度やってもうまくいかないのであれば、双眼鏡が壊れているか、その双眼鏡が自分の目に合っていない可能性があります。別の双眼鏡で試してみましょう。

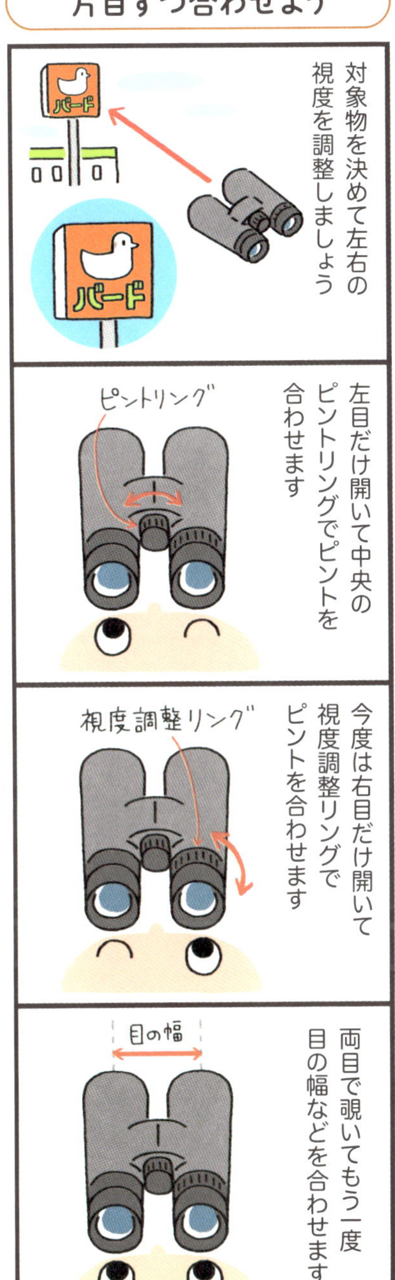

持ち方 3点で支える

双眼鏡は、両手でしっかり持ち、3点で支えます。右手、左手、そして、目当て部分です。これを瞼に当てたり、あるいはメガネに当てたりして安定させましょう。こうしてしっかり支えることで、観察しやすく、手ぶれを防ぐことにもつながります。

見方 視野に対象物を入れるコツ

慣れないうちは、双眼鏡を覗いても、どこを見ているかわからなくなってしまうものです。

まずは、見えたものから目標物をたどっていく方法があります。たとえば、電線にとまっている鳥を見るために、見つけやすい電柱を覗き、そこから電線をたどっていくのです。

これでもいいのですが、これだと時間がかかるので、そうこうしている間にお目当ての鳥がどこかに飛んで行ってしまう、なんてことも。それにこの方法は、木が密集している場所では使えません。どの枝を見ているかわからなくなってしまうからです。

そこでコツがあります。それは「双眼鏡で探す」のではなく「双眼鏡を視線の上にかぶせる」のです。まず見たいものをしっかり見つめ、視線を動かさないようにします。そして、その視線の上に、双眼鏡のレンズをかぶせるように持ってきて覗くのです。慣れてくると、見たいものを自由自在に双眼鏡でとらえられるようになりますよ。

素朴な疑問

海外製の双眼鏡っていいの？

双眼鏡について知っていくと、いつか海外製の双眼鏡に行き当たることでしょう。そのなかでもとくに有名な3社は、ツァイス、スワロフスキー、ライカです。

ツァイスは精密機器や光学機器をつくるブランド。スワロフスキーはガラスや宝飾でも有名です。ライカはカメラメーカーとしても聞いたことがある人も多いでしょう。ツァイスとライカはドイツ、スワロフスキーはオーストリアに本拠地があります。

ここまで双眼鏡のスペックをいろいろな数字で示してきましたが、これらの高額双眼鏡には、それらの数値で表すことのできない性能があります。

値段も相応で30～50万円ほど。お店などで試しに覗かせてもらうと、本当によく見えることに驚くはずです。これらの双眼鏡は耐用年数も長く、20年くらいは使用できます。また、必要な場合にはメーカーでオーバーホール（有償）も可能です。

双眼鏡を買う際の基準は、大きさ、重さ、見え味など人それぞれですが、お金に余裕がありバードウォッチングを趣味とするなら、御三家を購入して大切に使うのもいいかもしれません。

ただし、おっちょこちょいな人は（私もですが）、双眼鏡をぶつけたりしがちなので、手ごろな価格の双眼鏡を5～6年ごとに買いかえるのもアリです。

ケーススタディ

双眼鏡を買いに行く

どこに行く?

実際に双眼鏡を買いに行くとき、どこに行けばいいでしょうか。

当たり前ですが、たくさん双眼鏡があるところがおすすめです。具体的には、政令指定都市にあるような大きなカメラ屋さんに行くのがいいでしょう。いろいろな双眼鏡が並んでいるので、実際に手にとって覗いて、使い心地を試すことができるからです。あまり多くはありませんが、双眼鏡専門店も大都市にはあります。

持ってみる

双眼鏡売り場に行ったら、まずは手に持ってみて、手にうまく収まるか確認してください。とくに、ピントを負担なく動かせるかどうかが重要です。

覗いてみる

次に、目の幅や視度を調整して、像がきれいに見えるかを確かめます。メガネをかけている人は、実際に観察するときに使うメガネをかけていくほうがいいでしょう。

もし、両眼で覗いて、像をひとつにできないようであれば、双眼鏡の扱いに慣れていないだけかもしれませんが、何らかの理由でその双眼鏡が目に合わない可能性もあります。その場合は、ほかの双眼鏡も試してみましょう。

とくにメガネをかけている人は、アイレリーフ(P119)が足りないと見える範囲が狭かったり、像が倍率ほど大きく見えなかったりします。

重さはどうか

腕が重さに耐えられるかどうかも重要です。野鳥観察では、30秒から1分くらい同じ鳥を双眼鏡で観察することが多いので、最低でもその間、手ぶれしないか確認するといいでしょう。

このとき、まったく手ぶれしないということはありませんが、許容できる範囲かどうかを確認します。

見え味をチェック

色のにじみを確かめます。P120で述べたように、高価な双眼鏡ほど、にじみが少ない傾向にあります。

さらに覗いたまま左右に動かし、視界の端のゆがみが気にならないかを確認します。こちらも高価な双眼鏡ほどゆがみが少なくなります。ゆがみが大きい場合には、人によっては気持ち悪くなることもあるようです。ただし、完全にゆがみがないわけではないので、自分にとって気になるかどうかを確かめてください。視野の端がゆがんでいても、真ん中だけきれいに見えればそれでいいと割り切るのもありです。

なお、カメラ屋さんの店内は明るい

ので、比較的よく見えます。しかし、実際の野外の観察では、早朝や、森の中など暗い場所で使うことも多いので、店内で暗い場所を探して見え味を確かめましょう。

　そして最後に大事なことですが、予算よりも明らかに高価な双眼鏡を「ちょっと試しに」と覗くのはあまりおすすめしません。この世には、知らないほうが幸せなこともあるのです。ただ、それでも覗きたくなるのが人の性。そんなときは「いつか!」という気持ちで覗いてみましょう。

いいお店が近くにないとき

　このように実際に双眼鏡を手にとって確かめることができるのが理想ですが、誰もがそういった環境にあるとは限りません。

　そういうときは、地元で行われる野鳥観察会などに参加してみましょう。そこでほかの人が使っている双眼鏡を拝借して覗かせてもらうのです。くわしい人もいるでしょうから、購入場所も含めて相談してみるといいでしょう。

　それも難しいときは、ネットで評判を見て購入することになります。ただし、ネットの評価は個人の思いが強く出ている場合もあるので、参考程度にしたほうが無難です。どうしても実際に持ってみて選びたいときは、双眼鏡をレンタルして確かめるという手段もあります。

ステップアップ

望遠鏡の選び方

望遠鏡には三脚が必要

公園など、鳥との距離が近いところでの観察では、双眼鏡があれば充分です。しかし、干潟など鳥との距離が遠い場合、双眼鏡の倍率では鳥がよく見えません。それを解決するのが望遠鏡です。

双眼に対してレンズがひとつなので単眼鏡といったり、スポッティングスコープ、あるいは単にスコープとも呼ばれます。または商品名であるプロミナー、フィールドスコープの名で呼ばれることも。

望遠鏡は倍率が高いので、手持ちでは手ぶれがひどくなってしまいます。そこで、望遠鏡は三脚の上に固定して使うことになります。

対物レンズと接眼レンズ

望遠鏡のよさは、なんといっても鳥を大きく見ることができるという点。双眼鏡とはまた違う世界です。そして、周囲の人に望遠鏡を覗いてもらうことで、自分が見ている鳥を、共有することもできます。

双眼鏡と同様に、対物レンズが大きいほうが明るくきれいに見えます。倍率については双眼鏡と異なり、接眼レンズ（アイピース）を付け替えることで、倍率を変えることが可能です。たとえば20倍と40倍を付け替えることも。または、20～40倍のようにズーム機能のあるアイピースもあります。1台でより汎用性が高い使い方ができるのです。

望遠鏡があると大きく見える！

カワセミ

ミソサザイ

三脚の選び方

望遠鏡の性能は、本体だけでは決まりません。望遠鏡を載せる三脚の影響を強く受けるのです。

性能の高い三脚を使うと、安定性があり、スムースに動き、止めたいところでピタッと止めることができます。一方、だめな三脚は、がたがたしていて覗いていても絶えずぶれが起き、またカクカク動くので、見たい鳥が視野の中央に入って、ここで止めたいと思っても三脚のレバーを固定したのにもかかわらず、微妙にずれたりするのです。性能の高い三脚は、お値段も当然ながら高くなります。また重くなりがちです。

望遠鏡と三脚をセットで考えると、選択肢はいろいろ出てきます。歩いてときどき立ち止まりながら観察するような場合であれば、全体の重さを軽くしたいので、望遠鏡本体の対物レンズは50㎜くらいの小さいものを選び、三脚は安定性があり、かつ軽い1kgくらいのものを選ぶことになるでしょう。これだと5万円くらいからそろえられます。

一方、車で運ぶならば、対物レンズは大きくてもいいし、三脚もどっしりしたものを選ぶことができます。両方合わせて10kgくらいで、一式10万円くらいからでしょうか。そのあとは天井知らずとはいいませんが、自動車が買えるくらいの価格のものもあります。

まずは双眼鏡で観察を始めて、望遠鏡も欲しいなと思った段階で、いろいろ考えてみるといいでしょう。

安定性や重さをチェック

野鳥の写真を撮りたい！ カメラの選び方

鳥を撮影するための3つの選択肢

野鳥観察というと、「鳥を撮影したい」という人も多いでしょう。鳥を撮影するならカメラ選びから、ということになりますが、カメラの話はとても長くなってしまいます。細かい説明はほかの本に譲り、ここでは簡単に説明します。

カメラで野鳥撮影をする場合、大きく3つの選択肢があります。

コンパクトデジタルカメラ

ひとつは、高倍率のコンパクトデジタルカメラを使うことです。重さは500gほどで、これ1台で完結するのがいいところ。バッグの中に入れておき、必要なときにとり出して撮影できます。画像は後述するレンズ交換式カメラにはかなわないことが多いですが、記録として撮影する分には問題ありません。価格は5～10万円ほどです。

レンズ交換式カメラ

次の選択肢はレンズ交換式のカメラです。前述のコンデジは、ひとつのレンズで近いものから遠いものまで撮るのでどうしても無理がありました。

一方、こちらは撮りたいものに応じて最適なレンズに付け替えます。その分、写真の質は高いものに。鳥を撮影するなら、明るく倍率の高いレンズが必要で、レンズは長く、重く、そしてお値段も高いものになります。

カメラ本体だけで安くて10万円。高いと50万円超え。レンズも10万円くらいから200万円まで。ほかにも三脚やらカバンやらの周辺道具で大変な出費が待っています。それで本人（と家族）が幸せなら、いいのかもしれません。

レンズのmmの数字が大きいと、倍率が高くなります。

望遠鏡＋小型カメラ

3つめは、望遠鏡に小型のカメラをとり付けて撮影する方法です。望遠鏡は見ているものを拡大するので、カメラの望遠レンズと役割は似ています。そこにカメラを付ければ、きれいに撮影できるというわけです。カメラのほうは、スマホを使っている人もいます。

デジタルカメラに望遠鏡（スコープ）を組み合わせたものなので「デジスコ」と呼ばれたりします。必ず三脚が必要だとか、機動性があまり高くないとか、制限もありますが、これはこれで工夫する楽しさがあるでしょう。

野鳥撮影は距離と時間に制限を

野鳥撮影をする際には、ぜひ鳥との「距離」と「時間」に配慮してもらえればと思います。

野鳥撮影では、「写真の出来」を追求してしまいます。構図のなかで、鳥をいかに大きく、あるいは美しく撮るかに心を奪われてしまいがちです。その結果、鳥に近づきすぎたり、特定の場所に長時間とどまったりしてしまうことがあります。

そのような行動は鳥にとってストレスになりえます。人が近くにいるために、エサ集めができないとか、一見すると鳥が逃げないので大丈夫に思える状況でも、じつは巣が近くにあって、鳥が警戒しているだけかもしれません。

こうしたことは「園路から撮影する」「動かずに鳥が来るのを待って撮影する」「長時間同じ場所にとどまらない」など少しの配慮で解決できます。ぜひこれらの点を意識して野鳥撮影をお楽しみください。

観察の楽しさを 鳴き声や記録で残そう

録音や観察記録など、自分に合う方法を見つけよう

写真を撮ることで、思い出を鮮明に残すことができますが、ほかにも方法があります。鳥の声を録音したり、自分がどこで何を見たか、記録を残したりするのです。

録音 鳴き声を記録する

かつては、鳥の声を録音しようとすると、高価な機材が複数必要でした。マイク、録音機本体、録音するためのテープなどなど。しかし今は2万円ほどの小型のICレコーダーひとつで、充分な録音ができてしまうのです。それを鳥が鳴いている方向に向けて、ボタンを押すだけ。ただし、自分が動くと雑音が入るので、録音中は、じっとがまんです。

タイマーを使って決まった時間に録音することもできます。たとえば、庭に来る鳥が、この木にとまるとわかっているなら、前日に、その近くにタイマー設定したICレコーダーをセットすれば、その鳥の声を至近距離から録音できるのです。

そうして録音した音源を、加工することもできます。パソコンにとり込んで、雑音を除去したり、必要な部分だけを切り出したり。そうして鳥の鳴き声をコレクションしていくのも楽しいです。

渓流沿いで見られるミソサザイの声は力強い。

森林から聞こえるキビタキの声は、明るく軽やか。

見た鳥を記録しておく

カメラ撮影や録音のように、実際の鳥の姿や音声を記録するのもいいですが、それより何より、せっかく鳥を観察したのなら、「いつ」「どこで」「何を」見たか、という、基本的な観察記録を残しておくのはどうでしょうか。

それは自分だけの思い出になります。また記録を残すことで、気づくこともでてきます。

たとえば「去年は11月20日にツグミが公園に来たけど、今年はまだ見てない」といった年による違いに気づくかも。さらに長期で記録をとれば、10年前はこの鳥はいなかったけれど、最近見かけるようになった、といった変化も見えてきます。

表にしたり、ノートにつける

記録を残す上で大切なことは、楽しくやること。大変だと面倒くさくなって、続きません。どうやるのが楽しいかは人それぞれ。エクセルで管理してもいいし、ブログに掲載していく方法もあります。

私のおすすめはノートに書くこと。といっても勉強に使うようなノートにではなくて、野外で使う専用のフィールドノートにです。丈夫で携帯性に優れています。

そこに、日付と場所、鳥の名前だけでもOK。これだけあれば、あとでいろいろ思い出せます。さらに、誰と観察した、サクラが咲いていた、帰りに食べただんごがおいしかった、などいろいろ書いておくと思い出にもなります。さっと絵が描けるのもノートのいいところ。自分なりの楽しい記録を紡いでみてください。

アプリで記録する

スマートフォンのアプリで記録するのもひとつの方法です。位置や場所を公開設定にすれば、ほかの人に観察情報を提供することにもつながります。このような記録を続けていると、どこにどんな鳥がいたかの情報が長期にわたって残るので、鳥の保全に役立てるかもしれません。記録アプリについては、鳥類の調査団体（P222）などがつくっています。

column

観察で気をつけてほしいこと

私たちは何かを見たり買ったりするとお金を払います。関わってくれた人たちへ対価（感謝を含む）として払うわけです。

一方、野鳥観察は「ただ見」ができます。鳥たちは対価を求めませんからね。お金もかからず、なんていい趣味だろうと思います。

ですが「ただ見」をするならば、それが続けられるよう配慮しなければならないことがあります。

子育ての邪魔になっていませんか？

観察していると、ついつい巣を見たくなります。そこにはふだんは目にすることのできない野生が詰まっているので当然かもしれません。しかし、巣のそばに「けもの」が来れば、親鳥は警戒します。エサを運べず、ヒナが衰弱死してしまうかもしれません。

巣を探す行為だけでも影響があります。鳥の巣を探すために藪を歩いて巣を見つけ、心優しくそっとしておいたとしましょう。しかし人が藪を歩くと道ができます。イタチなどの地上性の動物は、歩きやすいのでそこを歩きます。その先に巣があれば、卵やヒナを襲ってしまうでしょう。

巣を見ていなくても、子育ての邪魔になる場合もあります。スズメやハクセキレイを観察していると、虫をくわえて電線にじっとしてくれていることがあります。とても観察しやすいのですが、じつはこのとき、鳥たちは、おそらくどぎまぎしています。エサを持ってヒナが待つ巣に帰ろうとしているのに、「けもの」が見ているのですから。自分の巣の位置が知られてヒナが食われてしまうのではないかと心配しているかもしれません。

このようなことに配慮して、鳥と適した距離をとって観察を楽しんでください。

周囲への迷惑にも注意を

鳥だけでなく、周囲の人への配慮も大切です。

公園などでは園路をはみ出さないこと。土が崩れたり、逆に踏み固められて植物が生えなくなってしまうこともあります。公園管理者からすれば、負担が増えることになるでしょう。

また農地では、野鳥観察者が畦道（あぜみち）を歩いて、崩してしまうようなことが起きてしまっています。

鳥にも周囲にも配慮しつつ、上手に「ただ見」をして、「ただ見」が続けられるようにしていきましょう。

さて、ここまで読んで「なんて罪深き趣味だ」と思ったあなた。いい解決策がありますよ。野鳥保護に関わっている企業がいくつかあります。そういう企業の製品を買って応援するのです。保護団体経由で何かを買ったり、寄付するという手もありますね。

体・五感・食性・羽・求愛・渡り…

鳥ってどんな生き物？

地球の生き物は約175万種。鳥は約9000種がいる！

日本には何種類の鳥がいる？

この地球上には、たくさんの生き物がいます。名前がついているものだけでも、およそ175万種。

そのうち、もっとも多い分類群は昆虫で、全体の半分の約95万種です。ついで植物の約27万種。そしてずっと種数が少なめなのが哺乳類の約6000種。鳥類も少なく、約9000種（1万種とすることも）です。

よく観察できるのは200～300種

この約9000種のうち、日本で記録されたことがあるのは約700種。そのなかには、本来ヨーロッパに生息しているものが、台風などで、たまたま迷ってたどりついたものも含まれます。

そういった例外的なものは含めなければいいような気もします。しかし、迷ってたどりついたものが、日本で増えていって定着した例もあるので、過程を記録していく上で大切なことなのです。

この700種のうち、それなりに野鳥観察の経験がある人でも、日本国内で観察できるのは300種くらいでしょう。ひとつの都道府県内に限れば、頻繁にあちこちに観察に行っても、230種くらいで頭打ちになるはずです。

本書で対象としている大きめの公園や城跡についていえば、毎月通うと1年で50種くらいを見ることができるでしょう。ちょうどいい数ですから、まずはそこを目指すのがおすすめです。

鳥ってどんな生き物？ 鳥の体を見てみよう

体は羽毛で覆われ翼をもつ

鳥の体のつくりは、わりと人間に似ています。そういわれるとびっくりするかもしれません。でも大きなくくりでいえば、鳥も私たちも同じ脊椎動物。植物や昆虫とくらべれば、似たもの同士です。もちろん、違いもたくさんあり、とくに飛ぶということが、その違いをもたらしています。

まず鳥の体を外側から見ると、嘴と足以外は羽毛で覆われています。この羽毛があることで、飛ぶことが可能に。というのも、飛ぶと強い風を浴びるので、体温が急激に下がってしまいます。それを羽毛により断熱して防いでいるのです。羽毛は軽いので、飛ぶのにも支障はありません。さらに、空気の流れも羽毛の動きで読んでいるようです。

そしてその羽毛が、より大きく、頑丈でしなやかにそろったところが翼。私たちでいえば腕に相当する部位です。腕にくらべるとずいぶん巨大に見えますが、実際に筋肉や神経が通っているのは、翼の前面のしかも体に近い部分だけ。そこに何十枚もの羽がプレートのようについていて、大きな面積になっているのです。なお、羽1枚1枚には、神経などは通っていません。私たちの髪や爪と同じくタンパク質からできています。

オジロワシは、巨大な翼をもつが、肉と骨があるのは、翼の1/4程度。

ハクチョウ類の飛翔。羽毛があることで、飛翔時の体温低下を防げる。

食べるものによって形はいろいろ

嘴は鳥だけの特徴です。その形状は種によって異なっていて、食べるものと強く関係しています。

なぜなら、鳥は私たちと違って腕がないので、嘴でエサをとります。そのため、嘴の形は食べ物を得やすいようになっているのです。

たとえば、水の中にいる魚をねらうサギの仲間は長い嘴を、硬い種子を噛み砕いて食べるシメは厚い嘴をしています。また蜜を吸うメジロは、花の奥の蜜線に届くように細い嘴をしています。このように、嘴の形を見れば、その鳥がどんな生態をしているかある程度の推測ができるのです。

嘴を見れば食べ物がわかる!?

つまさき立ち!?

鳥の足を見ると、ヒザの曲がる向きが私たちとは逆に見えます。この曲がっている部分は、じつは踵（かかと）。鳥は甲の部分が長いので踵が高い位置にあり、それが私たちでいえばヒザに見えるのです。鳥の本当のヒザは、体の羽毛に隠れているので、めったに見えません。

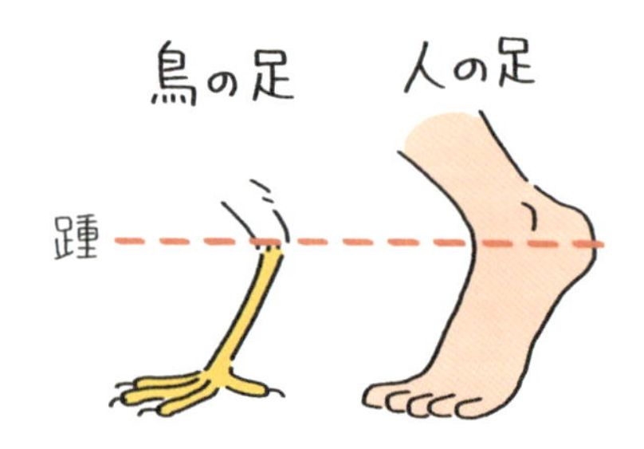

飛ぶための中空構造

鳥の骨も、飛ぶための特別なつくりをもっています。断面には空洞部分が多く、軽くなっているのです。

高い温度で活発に飛ぶ

鳥の体温は私たちより高く、40度くらいあります。これも飛ぶことと強く関連しています。一般に、動物は体温が上がると、動きが速くなり活動的になります。私たちが運動前にウォーミングアップするのもそのため。鳥は、飛ぶというとても活発な動きをするため、絶えず体温を高く保っているのです。

鳥たちは体温が高い。写真はオオワシ。

人より鳥がスゴイ理由

空を飛ぶという激しい運動をこなすためには、体内にたくさんの酸素をとり入れないといけません。

さらに渡りのときなどは、空気が薄くなる数千mを超える高さまで上昇して飛ぶこともあります。そこで鳥は、私たちより効率的に酸素をとり入れる仕組みを持っているのです。

人は「肺」で呼吸する

私たちが呼吸する際、肺という袋に空気をとり込み、新鮮な酸素を血液に渡すと同時に、血液から二酸化炭素を受けとります。しかし、ここには問題があるのです。肺はいわばひとつの袋なので、吸い込んだばかりの新鮮な空気と、体内から排出された二酸化炭素が、肺の中で混ざってしまいます。

これは、たとえるなら、洗剤のついたコップを洗う際、水を入れて半分だけ捨て、そこにまた水を加えて洗うことを繰り返すようなもの。この方法では、洗剤を効率よく落とすのは難しいでしょう。

鳥は「気嚢（きのう）」を複数もつ

人の肺における問題を鳥は「気嚢」と呼ばれる複数の袋状の器官をもつことで解決しています。

新鮮な空気をまず気嚢にとり込み、そこから肺に送り、血液に酸素を渡しつつ二酸化炭素を回収。そして、この二酸化炭素を別の気嚢を経由して排出します。つまり、鳥では、気嚢A→肺→気嚢Bと、空気の流れが常に一方向なのです。

先ほどのコップの例でいえば、コップの下に穴があいているようなもの。上から入ったきれいな水で洗剤を流し、それを下の穴から効率よく排出する仕組みといえます。

こうして、空気中にある酸素を効率よくとり込むことで、飛ぶという激しい運動や酸素の薄い環境でも活動できるのです。

どんな世界を感じてる？
鳥の五感を知ろう

人よりよく見えている!?

おおざっぱにいうと、鳥は人より、いい目をもっているといっていいでしょう。といっても種ごとに相当な違いがあります。

目の大きさ

鳥がかわいく見える理由のひとつに、目の大きさがあるかもしれません。体に対して目が相対的に大きいのです。

カメラや双眼鏡もそうですが、レンズが大きくなると性能は上がるもの。同じ理屈で、目が大きいと、より多くの光をとり込み、視覚の性能も向上します。

とくに猛禽類の仲間は、体に対して大きな目をもっており、それにより、人間の数倍の解像度で、ものを見ているようです。だからこそ、遠くにいる獲物も見つけられるのでしょう。

また猛禽類の目は体の正面についていて、両目で見ることで、獲物までの距離を正確に測ることができるのです。対して、小鳥の目は横にあり、視野が広く、天敵の接近に気づきやすくなります。

横のものを見るには顔を動かす

目の動かし方にも違いがあります。私たちは顔を動かさなくても、眼球を動かすことによって左右を見ることが可能です。しかし、鳥はそれがほとんどできません。そこで頭の向きを動かすことになります。鳥を観察していると、こまめに頭を動かしていますが、そういう理由なのです。

鳥は紫外線が見える

私たちには見えない紫外線が、鳥には見えています。たとえば、地面にネズミの尿があっても私たちにはわかりません。ところがチョウゲンボウは、これが見えているのです。尿には紫外線を跳ね返す物質が含まれているためです。だから、ネズミが多い場所とか、ネズミがこの辺りをよく通るかなどを知っています。

また、私たちが見るとオスとメスに違いがない鳥でも、紫外線の反射の度合いに差があり、鳥から見ればオスとメスが違って見えている場合もあるのです。

じつは夜も見えている

鳥目という言葉があり、確かにニワトリをはじめとして夜目がきかない鳥もいます。しかし多くの鳥は、夜も私たちよりよく見えています。たとえばカモ類は、昼は沼で眠り、夜に活発に行動してエサを食べます。夜中に渡りをする鳥たちもたくさんいます。

暗くても見える!?

聴覚 人と同じくらい

鳥は人より目がいいなら、耳もいいのでしょうか。たしかにフクロウのように、暗闇のなかから聞こえる小さな音をたよりに、ネズミなどを探す鳥もいます。

しかし全体的には、人よりも特段よく聞こえているわけではないようです。

低い音を聞くことができる鳥

ただし、9000種もいる鳥のなかには、特殊な音を拾えるものもいます。

ハトの仲間や、大海原で生活する鳥のなかには、低周波といって私たちには聞こえない低い音を聞いているものがいることがわかってきています。低周波は、地形、気象、海の波などによって違いがあり、1000km以上先からも聞こえてきます。ひょっとしたら鳥たちは、そんな遠くから聞こえてくる音を聞いて、「この音は、家の方角の音だ」とわかっているのかもしれません。

鳴き声は高め

一方、ふだん、鳥たちが発する音、つまり鳴き声は、私たちよりも高い音を使っています。

音の高さは、ヘルツという単位で表され、私たちのふだんの会話は、500～1500ヘルツ。それに対してスズメの声は数千ヘルツです。もっと高い音を出すものもいて、ウグイスの仲間のヤブサメは「シシシシシシシ」という虫のような声を出し、8000～10000ヘルツです。

これくらいの高さになると高齢者には少し聞こえづらくなります。

味覚 人間と同程度？

かつては、鳥の味覚はあまり発達していないといわれていました。しかし最近、そうでもないことがわかってきています。

ただし、味覚は種によってさまざま。私たちが甘いと感じるものを、甘く感じないものもいるようです。またカラスなどは、脂質が好きで石けんを食べることもあります。

カラス類は、石けんを食べる。マヨネーズも好きだったりする。

嗅覚 獲物をとる以外にも使っている

嗅覚もかつてはあまり発達していないといわれていましたが、鳥は、嗅覚をさまざまな場面で使っています。

まずはエサ探し。コンドルは、動物の死体を食べますが、数km先の死体の臭いを嗅ぎつけることができます。次に、位置の特定。ハトは複数の手がかりを使って家に帰りますが、そのなかには匂いもあります。さらに求愛にも。オスが求愛の際に匂いを出す種がいて、その香りはメスの気を惹く効果があるようです。

コンドルは臭いで獲物を見つけて飛んでいく。

肉食、植物食、雑食など 鳥は何を食べているのか？

飛ぶためのエネルギーを食事から得る

鳥は「飛ぶ」という激しい運動をするために、食べてエネルギーを生み出し続けなければなりません。とくに冬は過酷。なぜなら気温が低くて体温が下がりやすいのに加えて、エサも少ないからです。体が小さいと、さらに冷えやすくなります。ある研究では、シジュウカラのような小鳥は、冬は昼間の90％の時間をエサ探しにあてているという報告も。鳥にとって食べることは、まさしく死活問題なのです。

種類によって食べるものはいろいろ

食べるものは、種によって違い、肉食、植物食、そしてその両方を食べる雑食に分けられます。

肉食の例としては、オオタカが小鳥を、フクロウがネズミを、カワセミが魚をとります。対して、ハトの仲間は植物の実などを主食とする植物食。また日本には冬があるためいませんが、花が1年中咲いている熱帯には、花の蜜を主食とする鳥もいます。そして、スズメやカラスは雑食性です。

どの鳥が何を食べるかを知っていれば、なぜその鳥がそこにいるのか、なぜそんな行動をしているのかについて、わかってくることがたくさんあります。そういう目で観察してみてください。

といいつつも、どの鳥が何を食べているかは、まだわかっていないこともあります。先入観を持たずに観察すると新たな発見があるかもしれませんね。

猛禽類は、自身の体の大きさに合わせた獲物をとる。

カワセミは、魚のほかにカエルやザリガニもとる。

鳥はどう鳴くのか？ さえずりと地鳴きの違い

人と鳥の違い

　鳥と人では、声の出し方が大きく違います。私たちは「声帯」と呼ばれるふたつの筋肉の間に空気を通して音を出します。ただし、そこで調整できるのは音の高低だけ。そこを通った音を、さらに口や舌の動きで、さまざまな音にしています。腹話術が難しいのはそのためです。

　一方、鳥は「鳴管（めいかん）」と呼ばれる音を出すために特化した器官をもっています。その鳴管の形を、周囲にある筋肉で瞬時に変えることで、複雑な音を継続的に出すことができるのです。しかも鳴管はふたつあるので、同時に2種類の音を出すことも可能です。ちなみに口の動きは必要ないので、嘴に何かをくわえたままで鳴くこともできてしまいます。

音で何がわかるか

　鳥の声は、さえずりと地鳴きに分けられます。さえずりは、繁殖期に主にオスが出す長く複雑な声。一方、地鳴きは、それ以外の「チッ」など短いだけの声のこと。こちらは、オスもメスも出し、また1年中出します。ただし、この2つは、あくまで便宜的に分けただけで、実際は分けづらい声も多いのです。

　さえずりは、周囲のオスに対しては、「自分のなわばりだから入ってこないように」と伝え、メスに対しては求愛の意味をもっています。地鳴きには、「ここにエサがある」とか「天敵がきて危ない！」などの情報を伝えていることがわかってきました。

　鳥たちは、ほかの鳥の声を聞くことで、自分と同じ種なのか、さらにはふだんからいるのと同じ個体なのかを識別できます。

鳴き声以外の音

　声は音によるコミュニケーションですが、音を出す方法はほかにもあります。

　キツツキは木を叩く「ドラミング」を、キジは翼をはばたかせる「母衣打ち（ほろうち）」をします。また、オオジシギなどの一部の鳥は、急降下しながら空気によって羽を震わせることでジェット機のような音を出すことで知られています。これらにもなわばり宣言の意味があるようです。

「飛ぶ」ための体の仕組みといろいろな飛び方

「浮く」と「進む」が飛ぶためには必要

誰でも「鳥のように羽ばたいて空を飛べないか」と考えたことがあると思います。しかし、人間は飛ぶことができません。その理由をひと言でいえば、「体の重さに対して筋力が足りないから」です。

人はなぜ飛べないのか

まず、鳥の体は飛ぶために軽量化されています。たとえば、ハクチョウは見た目は大きくても体重は10kgほど。カラスは約500g、スズメは、わずか24gほどです。

しかし、これでも風船のようには浮きません。空気の重さは1ℓで約1.2gで、これより軽くないと浮かないのです。風船が浮くのは、ヘリウムガス（1ℓで約0.18g）という、空気よりも軽い気体が入っているから。つまり、スズメでさえ「浮く」には重すぎるのです。

では、鳥はどうやって飛んでいるかというと、翼を羽ばたかせることで揚力（浮き上がる力）と推進力（進む力）を得ています。そのための筋肉は胸についていて、鳥の胸肉はとても発達しています。その重量が、体重の数十％を占める種もいるくらいです。

私たちにも、翼のようなものさえあれば飛べるような気もしますが、そうではありません。人間がいくら筋トレをしても種としての限界がありますから、自重を浮かせるほどの筋肉はつかないのです。

ただし、大きな翼があれば、グライダーのように体重を浮かせて滑空することはできます。

風や足を使って上手に飛ぶ鳥たち

自重が重い鳥にとっては、やはり地上から飛び立つのは大変な力が必要です。ハクチョウなどは水を蹴って助走しながら飛び立ちます。小鳥も地上から素早く飛ぶ際には、地面を蹴っているので、観察してみてください。

また、鳥だって、いつも筋肉まかせで飛んでいるわけではありません。それだと疲れてしまいます。たとえばトビは、上手に風に乗って羽ばたかずに飛び続けることができます。凧のようなものですから、力を使っていません。

また、アホウドリのように主に海上で生活をする鳥の仲間のなかには、地上に下りることなく、数週間もの間、ほとんどずっと飛び続けているのではないかと考えられているものもいます。その場合は、波間に生じる上昇気流をうまくとらえて、力を使わずに飛んでいるようです。

羽が生え換わる「換羽（かんう）」の仕組み

なぜ羽が生え換わるのか

仮に私たちが毎日同じ服を着ていたらどうなるでしょうか。当然、汚れます。擦れたり破れることもあるかもしれません。それは鳥でも同じこと。鳥の全身は羽毛で覆われていて、絶えず毛づくろいをして、羽を大事にはしていますが、それでも日々の生活のなかで劣化してしまいます。

1枚1枚の羽は、生きた細胞ではなく、私たちの髪や爪のようにタンパク質で出来ています。そのため劣化しても修復されることはありません。

そこで、ある程度傷むと、羽そのものが抜け落ちて、下から新しい羽が生えてきます。これが「換羽」です。換羽の全容は複雑なので、ここではおおまかにまとめておきます。

小さい鳥の換羽

小鳥は、1年に1度全身の羽が生え換わります。とくに集中的に換羽するのが秋。この時期は、子育てが終わって活発に飛ぶ必要がなくなり、冬にかけて暖かい羽を用意しないといけないからです。また、渡りをする鳥は、しっかり飛べるように準備をするためでもあります。

換羽の前後で、鳥の見た目はずいぶんと違います。スズメなど、晩夏のころは薄汚れた羽をしていますが、初冬のスズメをよく見ると、羽がつやつやしています。写真を撮るなら、この時期がおすすめですよ。

大きい鳥の換羽

一方、体が大きな鳥は、全身の羽を一度に換えることができません。なぜなら、1枚1枚の羽が大きいため、羽をつくり出すのにたくさんのエネルギーを必要とするからです。ワシやタカの仲間は、数年かけて徐々に全身の換羽をします。

カモのエクリプス羽とは

カモの仲間は、さらに変わった換羽をします。まず、秋に渡ってきたばかりのころのオスのカモは、メスと同じように目立たない羽をしています。このオスの羽をエクリプス羽と呼びます。

エクリプスというのは、日蝕や月蝕の「蝕」を意味するギリシア語。「姿を消す」という意味から、「オスの鮮やかさが消える」ということを表しているのでしょう。エクリプス羽のオスは、メスとそっくりで見分けがつきません。そのため、秋のはじめのころに湖沼にいるカモは、メスばかりに見えます。

カモは飛べなくなる時期も

晩秋になると、オスはこのエクリプス羽を落とし、きれいな繁殖羽に換羽し、この繁殖羽でメスを惹きつけます。そして、ペアになり春にはシベリアなどに渡っていくのです。

シベリアに着くと、オスは繁殖羽を落とします。なぜなら繁殖羽は、メスへのアピール力はありますが、同時に捕食者からも見つかりやすく危険だからです。なお、繁殖羽を落としたオスは2週間ほど飛べなくなります。子育てに不便かと思いきや、そもそも、カモ類のオスは基本的に子育てをしません。やがて、オスはエクリプス羽に換羽し、また秋ごろ日本にやってくるのです。

一方、メスは、子ガモが飛べない時期に、同じように換羽をして飛べなくなります。そして子どもが飛べるようになるころには換羽を終えて飛べるようになり、オスと同じように日本にやってくるのです。

オスが派手なのはなぜか？
鳥の求愛と子育て

オスがメスにアピール

鳥の多くは、オスがメスに求愛します。求愛の方法はさまざまで、クジャクのようにオスが目立つ色の羽を広げたり、ヒバリのように空高く飛んだり。シジュウカラのようにさかんにさえずって、自分を選んで欲しいと訴える鳥もいます。じつは、これらは危険な行為。なぜなら天敵に対して、自分の居場所を示すことになるからです。

一方、メスは地味な色（自然の背景に溶け込むような色）をしているか、あるいはこういった目立つ行動をしません。つまり、鳥の世界では、オスが危険を冒してメスにアピールをする側で、メスはそれらのオスを吟味し選ぶ側なのです。

なぜこのような、選ぶ・選ばれるの関係ができたのでしょうか。これは、オスとメスの、子を残そうとする戦略の違いで説明できます。オスは、多くのメスと交尾をすることで、それだけ多くの子を残すことが可能です。そこで、とにかく多くの相手との関係を求めます。一方、メスは、生涯に残せる子の数に限りがあり、具体的には生涯に産む卵の数です。卵の数は増やせないので、より慎重にパートナーを選び、丈夫な子を育てるほうがいいでしょう。そこで、メスはオスを吟味する側になり、オスはメスに選ばれるよう、アピールする側になったと考えられています。

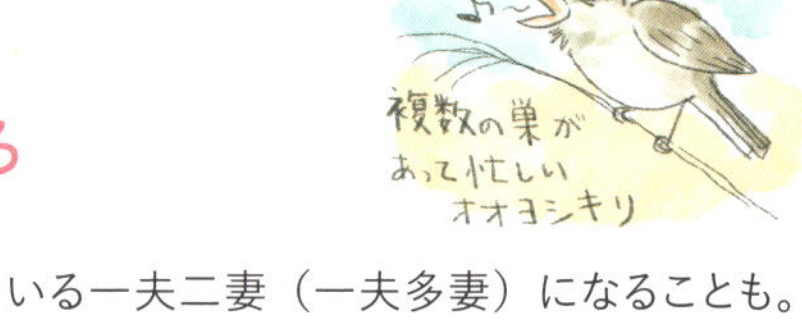

一夫一妻以外にいろいろ

鳥の夫婦の形はとても多様です。種によって違っているだけでなく、同じ種でも地域や個体によって違っています。

ひとつの巣に、オスとメスが1羽ずついる形式を一夫一妻といい、スズメやカラスがそうです。オオヨシキリの場合、一夫一妻のこともありますが、ひとつのオスのなわばりに2つの巣があり、それぞれメスがいる一夫二妻（一夫多妻）になることも。数は多くないですが、その逆の一妻多夫をとる種もいます。こういった巣を中心とした夫婦の関係がそもそもなく、オスとメスの関係は交尾だけで、メスだけ（あるいはオスだけ）が子育てをする種もあるのです。

さらにややこしいことに、これらの見た

目の夫婦関係と、巣にある卵が誰のものであるかは、また別の話。メスがよそのオスと交尾をして産んだ卵もあれば、ほかのメスがこっそり産みこんだ卵がある場合もあります（=托卵P152）。

そしてこれらも一部にすぎず、鳥の婚姻関係はもっと複雑。多くの研究がされ、読みやすい本もたくさん出ていますので、興味があれば読んでみてください。観察がより楽しくなりますよ。

産卵し、温める必要がある

動物の子の産み方は、大きく胎生と卵生に分けられます。哺乳類はもちろん胎生で、鳥類は卵生です。

卵生の利点は、子を体の外で育てられることです。とくに鳥は空を飛ぶため、体内に子をとどめないことで体を軽く保つことができます。ネコのように胎生で複数の子をお腹に抱えていたら、飛ぶのは難しいでしょう。また卵で産むことで、一度に多くの子を育てることも可能です。シジュウカラは1日1卵ずつ約10卵を産みますが、これは卵だからこそ実現できる数といえます。

さらに、このように産んだ卵は、温めない限り発生（体づくり）が始まらない仕組みになっています。たとえば魚の卵は温めなくても発生します。しかし鳥の卵は温めるまで、卵の中の発生が止まったまま保たれるのです。

そのことはウズラの卵で実感できるかも。市販のウズラの卵は、涼しいところにおいてあるので黄身と白身の状態で発生が止まっています。しかし、孵卵器で温めるとヒナが生まれてくることがあるのです。

鳥の求愛はいろいろ

複数のヒナが同時に孵化（ふか）する理由

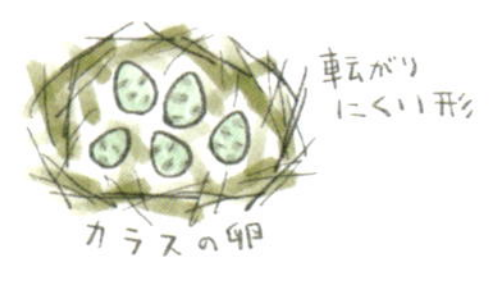

「温めると発生が始まる」ことは、ヒナの大きさをそろえる上でも重要です。

前述したように小鳥は、1日に1卵ずつ産みます。もし産んだものから順に発生が始まってしまうと、先に産んだ卵から順に孵化します。すると、先に生まれたヒナほど体が大きく、あとに生まれたヒナは、巣の中で押しつぶされてしまったり、親鳥からエサをもらえなくなることでしょう。

そうならないように、親鳥はすべての卵を産み終わったころに温め始めるのです。そうすることで、ヒナがほぼ同時に孵化します。

温め始めてから孵化するまでの期間は種によって異なり、おおむね体が大きい種ほど時間がかかります。スズメで2週間、カラス類で3週間ほど。この時期、親鳥、とくにメスの親鳥は、お腹の羽が抜けて皮膚が露出します。体温を直接、卵に伝えやすくするためです。

ところでニワトリの卵は、まん丸ではなく、片方が少しとがった形をしています。これは、ほかの多くの鳥でも同じ。対して、魚の卵やカメの卵はまん丸です。まん丸のほうが、卵の強度として強く、熱も奪われにくい理想の形。

では、なぜ鳥の卵はとがっているかといえば、転がり落ちにくくするためと考えられています。机の上に卵をおいても、ころころ転がっていきませんよね。ただし、そうではないという仮説もあって、たかが卵の形でも、論争は尽きないのです。

卵を割る仕組み

卵は巣の中で転がっても大丈夫なように丈夫にできています。その卵の殻を割って出てくるのは、ヒナにとっては重労働でしょう。そこで多くの種では、ヒナの上嘴（じょうし）の先端に、卵を割るためだけの突起ができます。さらに、首の後ろに卵を割るためだけの特殊な筋肉があります。前者を「卵歯（らんし）」、後者を「孵化筋肉（ふかきんにく）」といいます。これらは、どちらも役目を終えると吸収されたり、落ちたりして消失します。

誰かが子の世話をする

昆虫、魚類、爬虫類では、多くの場合、卵は産みっぱなしで、親が世話をすることはありません（世話をする種もいます）。その分、たくさん産んで数をかせぎます。

一方、鳥の場合は、親鳥が子の世話をします。そのぶん、昆虫などにくらべれば卵の数は少なくなります。

鳥の「巣」と「巣立ち」、「托卵（たくらん）」について

多様な形式がある

鳥が産卵、抱卵し、子育てをするには、巣が必要です。その鳥の巣は、私たちの家とは大きく異なります。私たちの家は、年中、生活を送る場所。しかし鳥の巣は、繁殖の間だけ使う場所です。多少の例外はありますが、ヒナは巣立つと巣には戻ってきません。親鳥も子育てが終わると巣を利用しません。翌年、またつくり直すのです。

巣をつくる場所は、種によって、樹上、草上、地面、水上、土中などいろいろ。太い枝に細い枝を編んで巣をかける、幹に穴をあける、草で編んだ巣を木に吊るなど。

近縁な種は似た巣をつくるので、種ごとにすべて違うとはいいませんが、場所と形状を考慮すると、巣のタイプは数百あるといわれています。なお巣をつくらない種もいて、南極で子育てをするコウテイペンギンは足の上に卵を置いて温めます。

なぜ、鳥の巣はこんなに多様なのでしょうか。それは、種によって、安全な場所、入手できる巣材、その環境で充分に温められるかどうかなど、いろいろな要素が積み重なった結果と考えられています。

日数は種によって違う

卵から孵化までに要する期間は、体が大きい種ほど長いと述べました。孵化から巣立ちについても同じことがいえます。スズメで2～3週間、カラスで4週間、大型のワシで6週間ほどです。ヒナは巣にとどまって、親鳥から毎日たくさんのエサをもらい、成長し、そして飛べるようになってから巣立ちをします。

一方で孵化後、数日以内に歩けるようになり、巣から離れて親についていく種もいます。こういった性質を早成性といい、カモやツルの仲間で見られます。地上の巣なので、1カ所にとどまって親鳥を待っているのは危険だからでしょうね。

よその巣に産卵する

親鳥にとってヒナの世話をするのは重労働です。毎日、エサを探しに行っては、何度も巣まで運ばなければなりません。その間に自分が天敵にねらわれる危険もあります。

それをすべてナシにできるのが「托卵」。つまり、自分の卵をほかの鳥の巣に産んで、その巣の親に、卵を温めることからエサを与えることまで、すべての子育てを押しつけてしまうのです。

托卵で有名なのがカッコウ。自分で繁殖する能力はすでに失われていて、モズやオオヨシキリの巣に卵を産みます。孵化したカッコウのヒナは、元からあった卵を巣の外に捨てます。そうして、本来なら数羽分に与えられるはずの親鳥（仮親）からのエサを、1羽で独占するのです。

托卵された側は、自分の子ども（卵）が殺されるわけなので、たまったもんじゃありません。そこでモズやオオヨシキリは、カッコウを見かけると激しく攻撃します。また托卵されたことを見破って、カッコウの卵を捨てることも。それゆえ、カッコウの托卵の成功率はそれほど高くありません。その対策に、カッコウのメスはたくさんの巣（20巣前後）に卵を産みます。

カッコウの場合、孵化したヒナは、巣にあった卵を捨ててしまいますが、それをせずに、仮親のヒナと一緒に育つタイプの托卵をする種も海外にはいます。

また托卵は、同じ種内で行われることも。身近なところでは、ムクドリのメスは、ほかのムクドリの巣に卵を産みこみます。そして、自分でも巣をつくって子育てをします。

カッコウとオオヨシキリ

鳥の寿命はどのくらい？

成熟して子育てができるのは？

鳥は巣立ったあと、自分でエサをとり成長していきます。小鳥であれば、翌年、大型の鳥であれば数年後に成鳥となって、今度は自分が子育てをします。それを何年か繰り返し、やがて寿命を迎えます。

寿命は鳥の大きさでだいたい決まる

では、どれくらい生きるのでしょうか。私たち人なら、ここで平均寿命を示したいところ。しかし、野生動物でそれを示してもあまり役に立ちません。その理由は、子のうちに多くの個体が死ぬからです。

たとえば、スズメの平均寿命は正確にはわかっていないのですが、おそらく半年ほどです。といっても、巣立って半年のスズメがばたばたと死んでいくというわけではありません。かつての人類もそうでしたが、生まれて間もないころの死亡率は高いのです。鳥では、卵やヒナの段階で、ヘビやイタチに襲われることはあります。やっと巣立ったと思いきや、まだ弱々しいので、タカなどに襲われることも。その結果、それらに引っ張られて平均値が小さくなります。また、人のように天寿を全うすることは少なく、親鳥になったあとでも、まわりにはいつも天敵が。さらには台風や豪雪で、エサがとれず、体温が下がって死亡することもあります。

このように平均値はふさわしくないので「ふだん、見かける鳥が何歳くらいか」を考えてみましょう。といっても、これも充分にわかっているわけではありません。鳥には戸籍も何もないのですから当たり前です。あくまで推測ですが、スズメで2、3歳、カラスで7、8歳、より大きなワシだと十数歳くらいだろうと思います。

スズメは野外では長く生きても6年くらい。

オジロワシは20歳以上のものも。

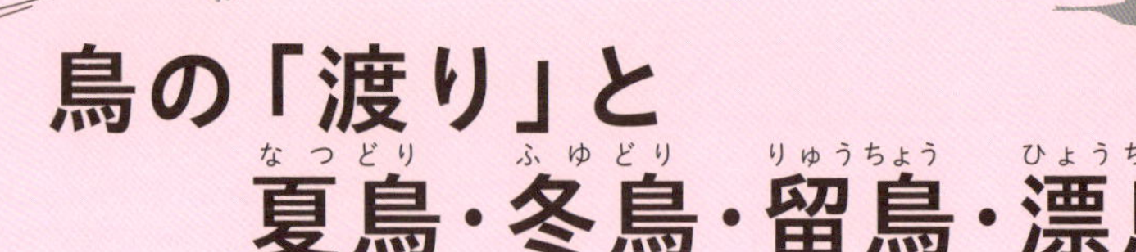

鳥の「渡り」と夏鳥(なつどり)・冬鳥(ふゆどり)・留鳥(りゅうちょう)・漂鳥(ひょうちょう)

渡り 季節で移動する理由

鳥のなかには、季節に応じて生息する地域を変えるものがいます。いわゆる渡り鳥です。

なぜ、わざわざ移動をするのかについては、まだわかっていないことも多いのですが、ここでは種によって適した気温のようなものがあると思ってください。その「適温」を求めて鳥は季節移動をするのです。そして適温の幅が広いものは移動をせずに1カ所にとどまります。

夏鳥の代表はツバメ

ツバメは暖かい気温が適温です。暑すぎるところが苦手なので、春になると暑くなりすぎた東南アジアなどから、暖かくなった日本にやってきて子育てをします。そして、冬になると日本は寒すぎるので、暖かい東南アジアなどに帰って行くのです。

ツバメのように夏だけに日本に来る鳥を「夏鳥」といいます。春には渡ってくるので、春鳥とか春夏鳥と呼ぶべきかもしれませんが、そうはいいません。

秋にやってくる冬鳥

逆に、寒い気温が適温の鳥もいます。これらの鳥が子育てをするのは、北海道より寒いロシアなど。でも、さすがに冬になるとロシアでは寒すぎるので、冬は日本にやってきます。そして、春になると適温よりも暖かくなるので、また寒い地域へと帰っていくのです。このような鳥が「冬鳥」。秋ごろには日本に渡ってきますが、秋鳥とか秋冬鳥とかはいわず、冬鳥と呼ぶことになっています。

暖かくなるとやってくるツバメ。

寒くなるとやってくるツグミ。

ずっととどまる留鳥

そして、適温の幅が広いものがいます。日本の1年の気温の変化くらいなら、ずっと適温という鳥です。

それらは1年中同じところにいるので「留鳥」と呼ばれます。春夏秋冬鳥とはいわず、留鳥です。

日本を通過する旅鳥（たびどり）

「旅鳥」と呼ばれるものもいます。冬は日本より南の地域で過ごし、夏になると日本より北の地域で繁殖をする種です。

これらの種は、春と秋の行き帰りに、一時的に旅するように日本を通過していきます。シギやチドリの仲間（P216）がこれに該当します。

季節で短距離を移動する漂鳥

「漂鳥」という言葉もあります。冬になると山から下りてくる鳥や、あるいは日本国内を南北に少し移動する鳥です。

たとえばルリビタキという鳥は、亜高山で繁殖し、冬になると低地に下りてきます。細かくいえば、どの鳥もある程度は移動しているので、漂鳥と呼べるかもしれません。

とはいえ、とくに国内でわかりやすい移動をしているものを漂鳥と呼ぶことになっています。

呼び方は、わりといい加減

渡りによる鳥の分け方は、同じ種でも、どこの地域から見るかによって違います。たとえば、ツバメは日本では夏鳥ですが、東南アジアでは冬鳥。同じことが日本国内でもいえます。

キジバトやヒヨドリは、日本の多くの場所で1年中見られるので留鳥として扱われます。しかし北海道では、冬になると本州に渡ってしまい、めったに見かけることはなくなるので夏鳥です。

さらに細かく見ていくと、同じ種でも渡りをするものとそうでないものがいます。北海道にいるスズメは、一部が秋になると群れになって本州へ渡っていきます。しかし北海道にとどまるものも。つまり北海道には、夏鳥のスズメと留鳥のスズメの両方がいることになります。

というわけで、ここまで紹介した分け方は、あくまでおおまかなものだと思っていてください。

繁殖期と越冬期で移動する鳥たち

ここまでの話は、季節に応じて鳥たちが異なる地域に移動する話でした。しかし、同じ地域にいる留鳥でも、繁殖期（子育てをする時期）と越冬期（子育てから解放された時期）では、生息環境が微妙に異なることがあります。

繁殖期に必要な条件とは

スズメやムクドリは、春夏は住宅地に多く、秋冬は農耕地などで多くなります。コゲラやエナガも、春夏は、森林か、都市部のかなり大きな公園に生息していますが、冬は遊具があるような小さな公園でも見かけるようになります。

このような違いは、子育てと関係します。子育てをするためには次のような条件がそろわなければなりません。「巣をつくれる」「巣からエサ場が近い」「巣立った子どもが安全にエサをとれる」「自分（親鳥）が食べていける」「天敵が少ない」。

一方、子育てが終われば、最後のふたつくらいで大丈夫。つまり生息するための条件が緩和されるのです。

具体例を見てみましょう。スズメにとって、農耕地はエサは豊富ですが、安心して巣をつくれる場所がありません。なので、子育ては人がいて穴がたくさんある都市で行います。しかし秋には巣をつくれる場所がない農耕地でもやっていけます。

コゲラが繁殖するには、巣をつくれる木が必要です。太さや枯れ具合、天敵に見つかりにくいなど、条件がそろわなければなりません。でも、そういう木は、何十本あるいは何百本あってやっと1本くらい。だから、子育ての時期は木がたくさんある大きな公園や山にいます。しかし冬はエサさえとれればいいので、街の中の小さな公園でも暮らせるのです。

非繁殖期は行動範囲が広がる

以上のことに加え、秋冬（非繁殖期）には行動範囲が広がります。子育ての時期、親鳥は巣からあまり離れられません。巣とエサ場が遠いと移動で疲れる上、巣を長く離れるとヒナが危険にさらされるからです。しかし、秋冬には巣に帰る必要がなくなります。

さらに秋冬はエサの密度が低下します。春夏は植物が生い茂り、それを食べる虫も多くエサは豊富です。だからこそ、この時期に子育てをするのです。一方、秋冬は葉が落ち虫も姿を消します。エサの密度が減るため、広い範囲を移動しながら少しずつ食べる必要が出てくるのです。

このように秋冬は、広い範囲を行動するので、お気に入りの公園に観察に行っても、コゲラが見られる日もあれば、お出かけ中ということもあるのです。

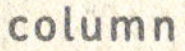

鳥の進化の歴史

鳥の祖先は恐竜

鳥は恐竜の子孫だと聞いたことがある人もいるでしょう。この説は、20年くらい前は驚きをもって迎えられました。しかし最近は耳にすることが増え、常識になってきた気がします。この話を理解するには、生き物がどのように枝分かれしてきたかを知る必要があります。

理科の授業で、動物（脊椎動物）を5つに分けて習ったと思います。魚類、両生類、爬虫類、鳥類、哺乳類です。この分け方は、人間の感覚には合っていて覚えやすいものです。

ですが、生物の枝分かれの歴史で見ると、ちょっと異なります。まず魚類から両生類が生まれ、その後、両生類の祖先が3つに分かれました。その3つが、現在の、両生類、爬虫類、哺乳類につながります。ここに鳥類は出てきません。

このうち「爬虫類の祖先」は、ヘビやトカゲ、カメ、ワニ、恐竜の4つに分かれました。前者3つが、現在の爬虫類へとつながります。そして最後の恐竜は、およそ6550万年前に地球上に落ちてきた小惑星によってかなりのものが絶滅しました。体が大きかった恐竜には影響が大きかったでしょう。しかし恐竜のなかでも生き残ったものがいて、それが現在の鳥類へとつながっているのです。

というわけで「鳥類は恐竜の子孫」といえます。そして大きなくくりでいえば「鳥類は爬虫類に含まれる」ともいえるのです。

・海外に住む鳥編・

名前は聞くけど身近ではない鳥

ペリカン

大きなくくりではサギの仲間。10種ほどいて、どれも大きな喉袋で魚を水ごとぱくっと食べます。喉袋にたくさん物が入りそうなためか、その姿が宅配便のロゴになっていたこともありました。

世界各地にいますが日本の近くにはおらず、たまに迷って飛んでくることがあるくらい。

カナリア

カナリヤとも呼ばれます。大きなくくりではカワラヒワやシメの仲間で、原産はヨーロッパ西側の島々。そのなかにカナリア諸島があり、その島名が名の由来。

美しい声でよくさえずるため、ペットとして世界各地で飼われ、また空気に異常があると鳴くのをやめるため、炭鉱などで有毒ガスを検知するために使われた歴史があります。

インコとオウム

このふたつを厳密に分けるのは難しいのですが、インコは体が小さく、オウムは大きい傾向があります。どちらも主に赤道に近い森林や草原に生息。日本には生息していません。

ただしペットとしていくつかの種類が輸入されています。また、そのうちワカケホンセイインコというのが逃げ出し、関東地方に定着して繁殖しています。

ワカケホンセイインコ

コンドル

南米および北米にいるタカの仲間です。何種かいて、大きいものは羽を広げると3m以上と巨大。主に死骸を食べます。「コンドルは飛んでいく」というちょっと物悲しい曲もありますね。似たような生態をもつ鳥にハゲワシの仲間がいます。こちらは生息大陸が違い、主にユーラシア大陸にいて、分類的にも少し違う鳥。チベットの鳥葬に関わるのは、こちらです。コンドルとハゲワシを合わせてハゲタカと呼ぶこともあります。

ペンギンの仲間

大きいものから小さなものまで20種弱がいます。南半球の鳥で、日本にはもちろんいません。それゆえ氷の背景にペンギンがいれば南極。一方、クマは北半球にしかいないので（一部例外あり）、氷の背景にシロクマがいれば北極です。北半球にはペンギンと似た生態をもつウミガラスがいます。ウミガラスも水に潜り、ペンギンと同様に魚が主食。すべてのペンギンは空を飛ぶことができませんが、ウミガラスは、飛ぶことができます。

フンボルトペンギン

フラミンゴ

6種ほどいて、どれも塩湖やアルカリ性の湖という、ほかの生き物には暮らしにくい場所に生息します。ときに数百万羽の群れになることも。体色は赤やピンクなどとても鮮やか。片足で立つ姿も特徴的で、デザインなどで見かけることも多いでしょう。人目を惹くためか、動物園では入口付近にいることが多い気がします。納得いかないかもしれませんが、日本にいる鳥で一番近いのはサギではなくカイツブリです。

クジャク

キジの仲間で、中国や東南アジアに生息。2種に分けられます。繁殖期になるとオスは華麗な羽をもち、それを広げてメスにアピールします。あの羽は尾羽に見えますが、じつは腰のあたりの上尾筒と呼ばれるもの。日本では輸入されたものが公園などで放し飼いになっていることがあります。また、そこから逃げ出したものが野生化していることもあります。

ハチドリ

北米から南米にかけて生息し、350種くらいいることが知られています。高速で羽ばたくホバリングにより、空中でピタッと静止し、花の蜜を吸います。最小のマメハチドリは体重がたったの2g。スズメの10分の1です。ハチドリ類は日本にはいませんが、オオスカシバやホウジャクなど、蛾の仲間の動きがよく似ていて、間違えられていることもあります。

ダチョウ

アフリカのサバンナに生息し、分類の仕方で数種に分けられることも。立った高さは2.3m以上、体重100kg超えで文句なしに世界最大の鳥。その重さゆえ飛べませんが、時速50km以上で走ります。食肉、皮革、観光目的のために、日本を含めた世界各地で飼育されています。

第 5 章

家のまわりにいる!

超身近な鳥の生活

身近な街で鳥を観察すると新しい発見がある！

いつもの街で鳥を見てみよう！

鳥を観察する楽しみのひとつに「たくさんの種類を見ること」があります。実際、山や川などに出かけて行って、はじめて目にする種を観察するのは心躍るものです。空気もきれいで、心身のリフレッシュにもなります。

一方、家の近所での観察では、観察できる種の数はすぐに頭打ちになってしまうでしょう。でも家の近所での観察にも捨てがたい魅力があるのです。

まず、なんといっても気軽に観察できるというのが、いいところ。通学や通勤の途中、散歩のついでに、新たな楽しみが増えます。

また、鳥を探して近所を歩くと、これまでとは違ったところに目がいくようになるものです。こんなところにこんな木があったとか、こんな公園があったのか、など。

そして、季節によって出あう鳥が変わるので、季節の変化がこれまでよりずっと鮮明に感じられるようになるでしょう。

さらに同じ種を、繰り返し、じっくり観察することで見えてくるものがあります。

この章では、スズメをはじめとした、ご近所で出あえる鳥について、じっくり観察することの楽しさを紹介します。

鳥にとっての都市という環境

山や川には、草や木々が生え、それを食べる昆虫なども豊富にいます。一方、都市（街）にはそれらがほとんどありません。そもそも植物が生える土が少なく、コンクリートやアスファルトで覆われていますからね。自然で暮らす野生の鳥にとっては、暮らしにくい環境のように思えます。

しかし、そんな環境を住処（すみか）にしている鳥たちがいます。彼らは飛べるのだから都市以外の環境に行くのも、文字通り「ひとっ飛び」。となると、どうも無理しているのではなく、都市を好んでいるようです。一部の鳥にとって、都市は文字通り「住めば都」なのかもしれません。

とくにスズメはじっくり観察できる鳥。

鳥にとって都市に住むメリット

安定した環境

自分が鳥になったつもりで考えてみましょう。森林や河川に住んでいるとしたら、そこは台風、大雨、強風などで、たやすく環境が変化します。木が折れ、地面が崩れることもあるでしょう。ふだん、エサをとっている場所が消失し、草地に巣をつくっていたら水没することも。

それにくらべると、都市は少々のことではびくともしません。もちろん、大きな災害があれば別ですが、自然環境と比較すると頑丈で変化が少ない場所なのです。

水が豊富

森林などで水場にカメラを仕掛けると、鳥がひっきりなしにやってきて、水を飲んだり、水浴びをしたりします。それくらい水場は重要です。そんな水を、都市ではたやすく手に入れられます。そもそも都市は、川のそばにつくられていることが多く、公園にも噴水などの水場があります。

さらに都市は、地面が舗装されているために、雨上がりには簡単に水たまりができます（最近は、水はけのいい高機能な路面もありますが）。鳥たちはそこで水を飲み、水浴びします。

天敵に襲われる危険性が低い

森の木に巣をつくると、ヘビが登ってきて襲われるかもしれませんし、林内を飛んでいたらタカに襲われる場合も。いつも危険と隣合わせです。

しかし都市にはこれらはめったにいません。とくに小型の鳥にとって、安全、安心な環境なのです。

街にいる鳥の代表！［スズメの生活］

都市で暮らす鳥、スズメ

スズメの仲間は世界に25種ほど。そのうち、イエスズメとスズメの2種が、世界のさまざまな都市に住んでいます。

イエスズメは、もとはヨーロッパから中央アジアあたりの鳥で、現在は人の手で運ばれて、アメリカやオーストラリアなどにも分布を広げています。日本には、稀に迷って渡ってくるだけです。

一方、日本でもおなじみのスズメは、ヨーロッパから日本まで広く分布しています。日本を含めて東アジアでは、都市に生息しています。しかし、ヨーロッパでは都市にはあまりおらず郊外の鳥です。先ほど述べたように、ヨーロッパの都市部にはイエスズメが生息しており、そちらのほうが体が少しだけ大きいので、ケンカをすると負けてしまうからかもしれません。

スズメは、日本国内のほとんどの都市に生息しています。いないのは、離島くらいです。

外観　頬の黒い斑（はん）と喉のライン

スズメの頬には黒い斑があります。日本にいる鳥で、ここに斑があるのはスズメだけ。なので、スズメかどうか迷ったときでも、ここを見れば解決です。

喉には黒い帯があり、この帯はオスのほうが太い傾向があります。ですが微妙な違いなので、この帯の太さだけでは、オスとメスを見分けられません。

ときどき、この喉の黒い帯を見せつけるように胸を張っているスズメがいます。それはおそらくオスで、太いことを強調して自分をアピールしているのかもしれません。

顔と首まわりは、わりと複雑な模様をしている。

チュンチュンだけじゃない

スズメの声は、なかなか複雑です。「チュンチュン」としか鳴かないと思ったら大間違い。いろいろな声で鳴きます。

季節による違いもあり、とくに繁殖期は複雑な節で長く鳴くことも。これはほかの鳥でいえば「さえずり」なのでしょう。

近年の研究では、鳥が音声によって互いにさまざまな情報をやりとりしていることがわかっています。エサがあるとか、危険が迫っているとか。スズメについてはまだ研究されていませんが、群れで生活しているので、スズメ同士で連携をとる必要があるはずです。複雑なコミュニケーションをとっているかもしれません。

種子や昆虫などを食べる

スズメは、植物質も動物質も食べる雑食性。とくにこれが好きということはないようで、入手しやすいものを食べているように思えます。

植物質としては、道路わきとか公園などに生えているイネ科の植物のタネをよく食べています。スズメノカタビラというスズメの名前を冠した植物を食べていることも。綿毛のついたタンポポのタネの部分も食べます。木の実も食べますが、硬いものは苦手なようです。

動物質については昆虫をよく食べます。地上近くではアリ、アブラムシ、バッタなど。木についているチョウやガの幼虫（毛虫やイモムシ）もよく食べています。

なんでも食べる雑食性

花を丸ごとかじる!?

スズメはサクラの蜜も吸います。ただし、やり方が少々乱暴です。

虫が花の蜜を吸う姿を見たことがある人は多いでしょう。たとえばチョウは、花の正面から長い口吻(こうふん)を差し込んで、ハチは体ごと花に突っ込んで、蜜を吸います。

鳥であるメジロやヒヨドリが蜜を吸う際には、その細長い嘴を花の根元にある蜜腺(みつせん)にまで差し込みます。しかしスズメには、これができません。嘴が太く短いので、蜜腺まで届かないからです。

そこで、蜜線がある場所をがぶりと噛み切る所業にでます。その結果、サクラはハラハラと花びらが散るのではなく、花が丸ごと落下。春になると、こうやって落とされたサクラの花が木の下に落ちているので探してみましょう。

ちなみに、サクラのなかでもソメイヨシノが好きなようです。本州では一番多いサクラの品種。実際、いろいろなサクラの品種の花を舐めくらべてみると、ソメイヨシノがもっとも甘く感じられます。それだけ蜜が多いということでしょう。

column

花はなぜ蜜を出すのか

そもそも花はなぜあんなに目立つのでしょうか。

花の目的は、ほかの花と花粉をやりとりすることにあります。自分の花粉をほかの花のめしべにつけ、ほかの花の花粉を自分のめしべにもらうのです。その際、花粉を運んでもらうために、目立つ花を咲かせることで虫や鳥を引き寄せます。だから、花は白や赤など、自然界には少ない鮮やかな色をしているのです。なお、香りで引き寄せる花もあります。

しかし、目立つ色や香りだけでは、鳥や虫はわざわざやってきません。来るだけの価値を提供する必要があり、それが蜜。蜜は甘く、栄養価が高いので、それを求めて鳥や虫たちはやってきます。色や香りは、報酬があることを伝える看板のようなもの。鳥や虫は蜜を吸い、その際、花粉を体につけてほかの花に運びます。

ちなみに、スギやヒノキは、それを風まかせでやります。風まかせだと、ほかの花に到達する確率が低いので、大量にばらまきます。そのせいで、私もそうですが、花粉症を引き起こしてしまいます。サクラを見習って欲しいものです。

スズメの巣　人工物の隙間で営巣

スズメは、街の中で子育てをします。そうはいっても、スズメの巣なんて目にしたことがない人も多いのでは？　じつは、スズメの巣は、ツバメの巣のように見えるところにはありません。

スズメの巣があるのは人工物の隙間。たとえば、屋根瓦の下、パイプの穴、電柱の腕金（うでがね）など。そういった穴や隙間に、草などをつめてふかふかにして卵を産むのです。そのため、巣そのものを見ることはできません。しかし、慣れてくると「ここに巣があるな」とあたりをつけられるようになります。

鳴き声から探してみる

巣を見つけるには、まず耳を使います。巣があると「シリシリシリ」という金属的で、か細いヒナの声が聞こえてきます。昼間の生活音のなかでは聞こえづらいので、時間は早朝がおすすめ。5、6月ごろ、近所で聞き耳を立ててみましょう。

巣立った子スズメは全体的に色が淡い。

道路標識にあいた穴などに巣をつくる。

エサを持つスズメがいたら

親鳥の行動に注目するのも、巣を探す方法のひとつ。スズメがエサをくわえてとまっていたら、近くに巣があるしるしです。そっと見ていると巣に入っていく姿が見られるでしょう。逆に、エサをくわえたままなかなか動かないときは、巣の位置を知られたくなくて警戒している状態です。そういうときは、距離をとってあげると、安心して巣に入っていきます。

巣は、普通の住宅地であれば100m四方に数個くらいあるはず。近くに大きな公園があると、エサが豊富なためか、数が増えます。また古い日本家屋があったりすると、そこだけに、いくつも巣があることも。一方、商業地では緑も少なく、ビルが多く、巣をつくりづらいので数が減ります。

スズメの1年　春に子育てスタート

スズメの子育ては春に始まります。暖かい九州では早く、北海道では遅く、その差は1ヵ月ほどです。

そこで、以下では、サクラ（ソメイヨシノ）の開花を基準に、スズメの1年を見てみましょう。

サクラの開花時期に巣づくり

スズメはサクラが咲くころに巣をつくり始めます。建物の隙間に草などを運び入れてふかふかにします。巣ができると親鳥は1日1卵ずつ約5卵を産みます。すべての卵を産み終えたころから抱卵を始め、約2週間でヒナが孵化（ふか）。ヒナは親鳥からエサをもらい、2～3週間で巣立ちます。親鳥は巣立ち後1週間ほどは子スズメの世話をし、その後、もう1、2回子育てを行います。

この時期の親スズメはあまり群れません。夫婦で巣を構えて生活しているからです。ですから、スズメを見かけるとしたら、街のあちこちに1～数羽でいるところを目にすることでしょう。

巣立ったヒナは？

一方、親鳥からひとり立ちした子スズメたちは、公園など緑が豊かなところに集まる傾向があります。みんなでいれば怖くないということなのでしょう。そのため、6月ごろの公園では、数十羽の子スズメだけの群れが観察できます。

子スズメは、嘴の根元が黄色く、全体的に淡い色をしています。この体の淡い色は、次第に濃くなり、秋には親鳥と見分けがつかなくなります。

子育てが終わった夏は？

親鳥は子育てを終えると、それまでの巣を中心とした生活から、巣には戻らない生活へと移行します。

それにともない、それまで街のあちこちで1～数羽で行動していたスズメたちは、公園などで群れるようになります。とくに夜になると集まって寝るようになり、この集まりを「ねぐら」と呼びます。ねぐらは街路樹や河川敷などに形成され、小さいものでは100羽ほど、大きいものでは数千羽に及ぶこともあります。

秋から冬は群れで生活

秋から冬にかけて、街の中にいるスズメは数が減ります。街から離れ、農地やヨシ原など、エサが豊富な環境に移動するスズメが出てくるためです。

一方、街に残ったスズメは、数十から100羽程度の群れで活動するように。春にくらべてスズメを見かける頻度は減りますが、一度に見る数は増えます。

春になると、街から離れていたスズメも戻ってきて、また子育てに入ります。

スズメの行動から季節を感じとる

ウグイスが鳴くと春がきたと感じ、セミが鳴けば夏がきたと感じるものです。一方、スズメは1年中そばにいて、一見、季節感がないような気がします。しかし、これまでに紹介したことがわかってくると、スズメからでも季節を感じられるようになるでしょう。

春のスズメは、複雑な声でさえずります。この時期は夫婦で子育てをするので、あまり群れることはなく、1～数羽で行動しています。せっせと巣材やエサを運ぶ姿も目にできるかもしれません。

夏になると、子スズメが姿を見せるようになります。まだ弱々しく危なっかしい姿です。そして、夜は街路樹などで群れになってねぐらをとっている様子を観察できるでしょう。

秋冬になると、街の中でスズメを見かける機会は減りますが、そのかわり、目にする場合は、数十羽の群れで見かけることが多いはずです。電線にずらっと並ぶのもこのころです。また、郊外の農地で見かけることも増えてきます。

そして、春になると、また街で数羽単位で見られるようになります。

こんな違いに気づけるようになれば、身近なスズメからでも、季節のうつろいを感じられますよ。

飛ぶのが得意！
［ツバメの生活］

春に日本にきて子育てする身近な鳥

スズメと並んで街でよく見かけるのが、ツバメ。ツバメは春に日本にやってきて、晩夏には日本から離れて東南アジアなどへ南下する鳥です。とても身近な夏鳥ですが、生態を知らない人も多いと思います。そんなツバメの暮らしを紹介しましょう。

外見　喉の色と尾羽の形

ツバメといえば、特徴的な尾羽が思い浮かびます。ちなみに、フォーマルな場で着る燕尾服(えんびふく)は、ツバメをモデルにしたわけではなく、その形が似ていることから名付けられたそうです

その燕尾ですが、どうなっているのでしょうか。ツバメの尾羽は12枚あり、両端の尾羽がほかにくらべて極端に長くなっています。そのため、尾羽がまるで二股に大きく切れ込んでいるように見えるのです。ちなみにほかの鳥の尾羽を見てみると、長さがすべて同じ場合は短冊っぽい形（スズメなど）、中央の尾羽が長い場合は扇形（ノスリやオナガなど）に見えます。

燕尾は、オスのほうがメスより長く、オスとメスを見分ける特徴のひとつになっています。もうひとつオスとメスを見分ける方法があり、それが喉の赤さです。オスのほうが濃い赤をしているのです。

ツバメの尾

いろいろな形の尾羽

バチ形　扇形　短冊形

水も飛びながら飲む？

ツバメの素早い飛翔はとても特徴的で目を引きます。空をひゅんひゅん飛び、くるっと方向転換します。その動きを可能にするのは、空気抵抗を抑えた流線形の体と、長くしなやかな翼です。

空中生活に特化しているため、エサも空を飛んでいる昆虫です。スズメだったら、垣根の中に入り、えっちらおっちら藪の中を歩いてエサを探しますが、ツバメはそういうことはしません。水を飲むのも飛びながらです。小さな池やお堀の上など、水面ぎりぎりに飛びながら、嘴を水につけて水を飲むのです。

たまに体ごと水に入っていますが、失敗しているのではなく、たぶん水浴び。カラスの行水どころではない素早さです（ちなみに、カラスの行水はそんなに短時間ではありません）。

ツバメは地面に下りることすらほとんどなく、地上に下りるのは巣をつくるために泥を集めたりするときくらいです。

流線形の体と、体に比して長い翼をもつ。

喉の色が濃いほうがモテる!?

ヨーロッパの研究では、両端の尾羽が長いオスほど、メスにモテることがわかっています。あの長さを維持するのは大変ですから、それだけ能力が高いことの証明なのでしょう。

ところが日本のツバメの場合は、尾羽の長さはメスへのアピール力とはあまり関係なく、喉の赤さが重要なようです。

鳥の世界でも、地域が変わればモテる基準も変わるということなのかもしれませんね。

巣　庇（ひさし）や屋根の下に泥などでつくる

ツバメの巣は、スズメの巣と違ってよく見える場所にあります。民家の軒下や駅の入り口などのほか、道の駅や高速道路のサービスエリアなどでもよく見かけます。

こんなに目立つところにあっては危険なような気もします。しかし、人の出入りがあるところに巣をつくることで、捕食者であるカラスやタカが近づきづらく、かえって安全なようです。

巣と庇の隙間は狭く、襲われにくくなっている。

巣の材料は？

巣は、泥、枯草などの繊維、そしてツバメの唾液の3つを混ぜてつくられています。泥は、田んぼや雨が降ったあとの水たまりなど、とりやすい場所から持ってきます。それに草と唾液を混ぜ、レンガを積み上げるようにして巣をつくっていくのです。なので、ツバメの巣をよく見ると、粒状というか、うろこ状になっているのがわかります。そのひとつひとつが1回で運んできた土の量を表します。完成までには1週間ほどかかります。

巣が多い場所は？

スズメの巣は、多いところと少ないところがあるとはいえ、街の中であればたいていどこにでもあるものです。

一方、ツバメの巣は、どこにでもはありません。まず、巣材となる泥と、エサとなる飛翔性の昆虫がたくさんいる場所が必要です。となると、大きな公園や川の近くです。さらに、巣をかけられる庇（ひさし）がある建物があって、かつ、その住民や管理者が好意的かどうかも重要です。

こういった理由でツバメの巣がある場所は限られています。最近は、ツバメが巣をつくりづらくなって、ツバメが減っている地域もあります。フンが下に落ちて困るというときは、設置が容易なフン受け（P222）などもあるので、ぜひ活用を。

column

ツバメの巣っておいしいの?

中華料理の高級食材に「ツバメの巣」があります。ゼリーのような食感で、スープの具やデザートの具材に使われます。これは日本のツバメの巣とはまったくの別物。泥と草でつくられた巣がおいしいはずはありません。

中国やインドネシアなどには、ジャワアナツバメという鳥が生息しています。ツバメと名前がついているように、一見した姿はツバメに似ています。しかし分類的には日本にいるツバメとは大きく異なります。このジャワアナツバメは、ある種の糖とタンパク質を口から分泌して、洞窟の壁などに巣をつくります。これが食材に使われるのです。

巣がとられて食材に使われてしまえば巣がなくなってしまうので、ジャワアナツバメにとっては死活問題。そこで最近はビルのようなものを建て、そこで繁殖させつつ巣をとるという、いわば養殖のような方法がとられています。

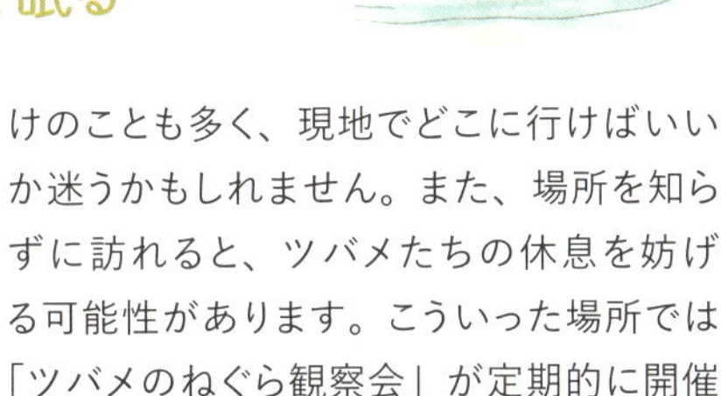

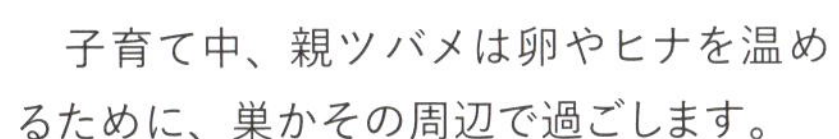

子育てが終わると集団で眠る

子育て中、親ツバメは卵やヒナを温めるために、巣かその周辺で過ごします。

しかし、子育てが終わる7月の終わりごろになると、スズメと同じように巣から離れ、集まってねぐらをつくるようになります。ねぐらの場所は休耕田や河川敷にあるヨシ原で、規模が大きい場合には数千羽から数万羽にも及びます。夕暮れどき、あちらこちらからねぐらへと飛んでくるツバメたちが空いっぱいに舞う光景は、圧巻のひと言です。

こうした大規模なねぐらは、インターネットなどでも紹介されています。ただし、「○○川の河川敷」といった簡単な説明だけのことも多く、現地でどこに行けばいいか迷うかもしれません。また、場所を知らずに訪れると、ツバメたちの休息を妨げる可能性があります。こういった場所では「ツバメのねぐら観察会」が定期的に開催されているはずなので、それに参加するのがおすすめです。

8月終わりごろから、このねぐらも次第に小さくなっていきます。だんだんと南に渡って行くのです。ツバメが渡る先は、東南アジアなど。

渡った先でも群れで暮らし、やはり飛翔性の昆虫を食べて冬を越します。そして、また春になると日本に渡ってくるのです。

「ボソ」と「ブト」の違いは？［カラスの生活］

ボソとブトを見分けよう

私たちの身近な環境には、主に2種類のカラスがいます。ハシボソガラス（ボソ）とハシブトガラス（ブト）です（P44）。簡単に違いをおさらいすると、ボソは、嘴が細く、地面を歩く傾向があり、声は「ガーガー」と濁ります。ブトは、嘴が太く、地面にはあまり下りず、「カーカー」と濁らない声で鳴きます。

では2種の特徴をくわしく深掘りしてみましょう。

嘴の太さ　幼鳥は特徴が出にくい

2種の違いの一番の識別点は嘴です。しかし、判断が難しいのもいます。とくにブトのその年生まれの若い個体は、嘴の形が細く、おでこもはっきりしないので、ボソにも見えるのです。こういった個体がいるのは、夏から秋にかけてですから、親鳥と一緒にいるのであれば、親鳥をみて判断するほうが確実です。

親鳥と一緒にいれば、識別しやすい。

鳴き方と声の種類

ボソは「ガーガー」と鳴きますが、その際、体を水平にして、鳴くたびにお辞儀をするような姿勢をとります。一方、ブトは「カーカー」と鳴き、胸を張り気味です。

鳴き声は、ほかにもいろいろあり、たとえば、ボソは「カポンカポン」と聞こえる声で鳴くことも。ただし、すべてのボソがそのように鳴くのではなく、「そのように鳴くボソがいる」程度。つまり個性です。ほかにも両種とも「ミャア」と聞こえるような声を出すことも。ご近所で変な鳴き声をするカラスを探してみてください。

いろいろな声で鳴くので、それぞれ意味があり、カラスたちの間ではコミュニケーションがとれているはずです。しかし、私たちには、まだわかっていません。カラス語がわかるようになると楽しそうです。

オスとメス　外見で見分けるのは難しい？

ブトとボソが見分けられるようになったとしても、私たちの目からすると、オスとメスは見分けられません。しかし当然ながら、カラスたちは互いにわかっているはずですから、実際は違いがあるのでしょう。

行動にもオスとメスで違いがありそうですが、観察していても、そもそもどちらがオスでどちらがメスかわかっていないので、その違いに、私たちが気づけていないだけかもしれません。

一応、メスのほうが、体が小さい傾向があります。なので「2羽でつがいになっているものがいたら、小さいほうがメス」という可能性はあるでしょう。しかしオスメスの大きさには個体差があります。それに、そもそも2羽でいたとしてもオスとメスの組み合わせかどうかも曖昧です。ちなみにほかの鳥類の研究では、オス同士が交尾をしているという例も少なからず観察されています。

あらゆるものを食べる

ボソもブトも雑食性で、いろいろなものを食べます。

植物質では、木の実のほか、畑でスイカやトウモロコシを食害し、農家からはやっかいがられています。

動物質では昆虫（セミなど）、水辺に打ち上げられた魚、ネズミ、ほかの鳥のヒナなど。大きな獲物としては、弱ったドバトを襲うこともあり、道路で車にひかれた動物の死体に群がることもあります。

人の生活からエサを得ることも多く、ゴミをあさったり、ドッグフードを盗むことも。

エサのとり方

ボソは、地面をてくてく歩きながらエサを探します。そのためボソは、地上に長い時間いることが多いのです。

一方、ブトは電線などにとまって地上にあるエサを探し、必要だったら下りてきて、

また飛び上がります。つまり、地面にいる時間が短いのです。とはいえ例外もあり、地面を一生懸命にほじくってエサを探すブトもいます。

ゴミを荒らすのは、どちらのカラスもありえます。2種が仲良く（?）荒らしていることもあります。

ボソが硬いものを割る方法

ボソは、貝などの硬いものを落として割って食べることがあります。砂浜で貝をとってきて、それをくわえたまま数mの高さまで飛び上がり、岩やコンクリートに落として貝殻を割り、貝の中身を食べるのです。

同じ方法で、クルミの殻も割ります。北関東以北の平地には、オニグルミが自生しています。その殻は硬く、とくに秋のものは私たちが地面に叩きつけたり、踏んづけたりした程度では割れません。ボソはこのクルミを枝からとってきたり、あるいは自然に落ちたものを拾ってきて、それを落として割って食べるのです。

ただし貝の場合は、だいたい1度落とせば割れますが、クルミは何度も落とさないと割れません。実験的に非常階段から落としてみたことがありますが、10mの高さからコンクリートに落としても、数回落としてやっと割れるほど硬いのです。

そこでボソのなかには、このクルミを割るのに車を利用するものがいます。車が頻繁に通る場所にクルミを置き、タイヤに踏ませて割るのです。でも当然ながら車が来るまで待たないといけません。車がクルミをちょうどよく割ってくれないこともあります。そこで上手なボソは、交差点の、しかも車が右左折するところをねらってクルミを置くのです。右左折する際には車の前輪と後輪の軌道がずれるので、割れる確率が上がることをわかっているのでしょう。

カラスの1年 繁殖は数年後から

初春 求愛と繁殖の準備

カラスは2月ごろから、つがいをつくり始めます。この時期、2羽のカラスが空中で追いかけ合っている姿をよく目にします。1羽のカラスが、なわばりに侵入したカラスを追い払っているのかなと思って見ていると、そのうち電線にとまって、互いに仲良く羽づくろいをしたりします。おそらく、こういった追いかけ合いも求愛のひとつなのでしょう。

春から初夏 巣づくりと子育て

3月ごろになると巣づくりを始めます。街路樹や公園樹の、高さ10m以上のところに木の枝などを運んでつくります。しかし、つくった巣を必ず使うわけではなく、途中で放置することもしばしばです。

本格的に繁殖に入り始めるのは5月ごろですが、ボソのほうが半月からひと月くらい早めです。

卵を産み、3週間ほど温めるのですが、この時期、巣を下から見ると尾羽だけが巣の外に見えていてかわいいです。孵化(ふか)したヒナは親鳥からエサをもらい、6〜7月ごろに巣立ちます。巣立ったあとも、親ガラスにしばらくはエサをもらって過ごし、初秋には親離れします。

秋冬 繁殖後の行動と繁殖しないカラス

繁殖を終えた親ガラスは、なわばりに執着しなくなり、群れになって街中を広く行動します。とくに秋冬は、大きな群れになってねぐらをとります。

なお繁殖するのは、生まれてから数年たった個体です。より若い個体は繁殖期でもなわばりをもたず群れで行動します。

どうする？

「カラスが人を襲う問題」への対処法

なぜ人を襲うのか？

カラスは、ときに人を襲うことがあります。これは、巣が近くにあったり、あるいは近くにヒナがいるときなどに、子を守るための行動です。このように人間に対して攻撃的になるのは、ボソではなくブトです。

人を襲う前には事前の通告があります。ふだんのブトの声よりも低くしゃがれた声で鳴きます。また、近くの枝を嘴でくわえてぽきぽき折ったり、とまっている枝を「コンコン」と強くつついたりして、臨戦態勢であることをこちらに見せて警告してきます。

このように警告してくるのは、ブトにとっても人は怖いからです。できれば攻撃したくないけれど、それでも人が巣やヒナの近くから離れていかないと、通行人をかすめるように飛んだり、足で蹴ってきます。

ですが、実際には、このような警告なしに襲ってくることもあります。街路樹の下を何人もの人が通り過ぎていく状況を想像してみてください。ブトとしては、何度も警告したという状況になり、興奮状態はぎりぎりまで高まっています。その結果、たまたま歩いてきた人に攻撃することになります。その人物が、小柄や細身などの場合、より襲われるかもしれません。ブトの高ぶった精神が、人を襲う怖さを上回りやすいからです。

カラスの攻撃への対策

カラス（ブト）に襲われないための対策を紹介しましょう。

まず、カラスが攻撃的になるのは、子育てをしている時期だけです。つまり、春から夏にかけて。その間ずっと攻撃的になっているわけではありません。ヒナが孵化（ふか）する前後からヒナが巣立つまで攻撃性が高まります。長くても1カ月ほどで、攻撃する場所も、巣から数十mの範囲と限られています。

この時期に、巣がある場所を避けて歩けるなら、それがひとつの解決策です。街の中のどこを歩いていても、カラスがつきまとってきて襲ってくるということはないので、安心してください。

次に、通学路だったり、家の前だったりして、その時期にその場所を歩かなければならないのであれば、絶えずカラスを視界に入れていれば、襲ってくることはおそらくありません。カラスとしても見られている方向から人を襲うのは怖いからです。しかし、背を向けると襲ってきます。

あるいは、傘などをさして歩く方法もあります。私の経験上、傘を閉じたまま肩にのせておくだけでも効果的です。試したことはありませんが、手を上げて歩くだけでもカラスは襲ってこないといわれています。要するにカラスに「攻撃するとどうも危険そうだ」と思わせれば

いいわけです。ただし、個体差はあって、それでも攻撃してくるカラスはいるかもしれません。

自分だけが襲われる？

ときどき「自分ばっかり、カラスに襲われるのですが、どうすればいいですか」と相談を受けることがあります。これが本当に、その人だけなのかは、もう少しくわしく事情を聞かないとわかりませんが、そういうことはありえます。

まず、カラスの仲間が、ある程度、人を覚えることは、経験的にも実験的にも示されています。顔や背格好、服装などを覚えることができるようです。それから、前述したように、小柄や細身など、カラスから見て襲いやすい人がいます。逆に大柄の相手は、カラスとしても攻撃するのを躊躇するでしょう。加えて、攻撃が1度成功した相手に対しては、おそらく次も攻撃する傾向があります。襲っても大丈夫だとカラスが判断するからです。

これらのことを、まとめると次のような人は頻繁に襲われることになります。「カラスの巣の近くを頻繁に歩く」「小柄」「一度襲われて逃げたことがある」。逆にいえば、襲われたときに、毅然とした態度をとれば、「こいつを襲うのは危険だ」と記憶され、襲われにくくなる可能性があります。

避けられない場所に巣があるケース

しかし、保育園の敷地などの木にカラスが巣をつくり、外での活動の際や、通園の際に子どもが襲われるというケースもあるでしょう。

そのようなとき、前述のような方法では対応できません。

その場合は、巣を撤去するしかありませんが、法律で、勝手に巣を撤去してはいけないことになっています。費用はかかるかもしれませんが、自治体などに相談してみてください。

なお、保育園などであっても、ボソの巣は安易に撤去しないことおすすめします。なぜなら、ボソは襲ってきません。加えてボソの巣があれば、ブトはその領域内に入ってこないからです。

つまりボソの巣の存在によって乱暴者のブトが入ってこない領域ができるというわけです。けれどボソの巣を撤去してしまうと、空白地帯が生まれブトが新たに巣をつくってしまうかもしれないのです。

このように、カラスの生態を理解して、うまく対処してみてください。

歴史が異なる2種のハト［ドバトとキジバトの生活］

ドバトの歴史　カワラバトを家禽化

街で見かけるハトは、ドバトとキジバトの2種です。ドバトの歴史がわかると、キジバトとの違いもわかりやすくなります。

ドバトの起源はカワラバトという野生のハト（P40）。このカワラバトは、中東に生息しており、一説には紀元前3000年前ごろに人間が家禽化したといわれています。つまり野生にいるハトを捕まえてきて、飼育して交配させたのです。

伝書鳩の誕生

当時の人は、現代のような遺伝に関する知識はもちあわせていませんでした。しかし、経験的に用途に合ったものをかけあわせることで、よりその用途に向くようになることは知っていたはずです。たとえば、食用にするには肉質のいいハトをかけあわせ、通信用には遠くまで正確に飛ぶものをかけあわせるなどです。そのようにして、食用、愛玩用、通信用のハトも生み出していきました。

ところで、どうやってハトを通信に使うことに気づいたのでしょうか。ある小屋で食用にハトを育て、そのハトを誰かに売り、その買った人がうっかり逃がしてしまったものが、その小屋に戻ってきたことなどから、ヒントを得たのかもしれません。

通信用のハト、つまり伝書鳩は、紀元前にはすでに使われていたという記録があります。おそらく、便利なので世界のいろいろな地域に運ばれ広まったのでしょう。

伝書鳩は、当時、最速の通信手段だったはずです。ハトは山や川を気にせず目的地まで飛んで行きます。50km程度の距離ならば、状況がよければ時速70〜80kmでノンストップで行くので1時間もかかりません。20世紀になって無線技術が発達しても、伝書鳩はまだ使われていました。2度の大戦中にも使われ、情報漏洩を防ぐために、侵略した街の伝書鳩を接収することも行われていたようです。

日本にいつごろ伝書鳩が輸入されたかはわかっていません。最初に使われたのは、紀元数世紀のころという説があります。平安時代には、おそらくドバトのことを指しているだろうと思われる記述がいくつかあり、江戸時代になると確実に輸入していた記録が存在します。明治、大正では、新聞社や官庁などでも、普通に使われていました。戦後は伝書鳩ブームがあったようで、日本全体で、数百万羽の伝書鳩あるいはレース鳩が飼われていたといいます。

現在でも伝書鳩を飼っている人がいて、毎年、レースが行われています。

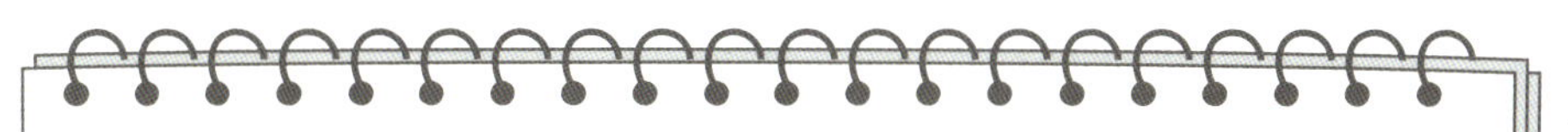

素朴な疑問

伝書鳩はなぜ行先がわかるのか？

伝書鳩は、どのような仕組みで目的地に飛んでいくのでしょうか。ハトに「どこどこまで行ってくれ」と話しかけても、当然ながら、目的地まで行ってはくれません。

手順はこうです。事前に地点Aで、しばらくの間ハトを飼育します。エサをしっかり与えるなど快適な場所として生活をさせると、そのハトは地点Aを帰るべき場所だと理解します。そして、そのハトをどこかに連れて行って放つと、自分の家である地点Aに帰ってくれるのです。

たとえば東京のある家でハトをしばらく飼って、そこが帰ってくる場所だと教え込みます。そのハトを車に乗せて名古屋まで連れて行き放つと、東京の家まで帰ってくれるわけです。名古屋に移動したハトがどうやって東京に向かうかについては、まだわかっていないことがありますが、太陽と星の位置、地磁気、匂い、音、景色などを総合的に使っているようです。

私たちも、旅行で遠くに移動すると、「朝が早いな」とか「寒いな」とわかります。そういう精度がもっと高ければ、東西あるいは南北どちらに移動したのか、ある程度は推測がつくでしょう。それをもっと高い精度で判断しているのが伝書鳩です。

ここまで読んでわかったかもしれませんが、伝書鳩による通信は、片道通信です。地点Aと地点Bの間で情報をやりとりしたければ、双方でハトをしばらく飼って、事前に交換しておく必要があります。加えて、通信したあとには、またハトを元の地点に戻さないといけません。ただし、近距離であれば、地点Aから放って地点Bに行って、地点Bで手紙をつけ替えて放つと、地点Aに帰ってくれるハトもいたようです。

ドバトの特徴 性格や外見

伝書鳩は、便利なので世界各地に広まりました。そこから派生した「純粋に帰ってくる速さを競う」ことを目的としたレース鳩を飼う文化も同様です。その過程で、一定の数のハトは、逃げ出したり、家がわからなくなって帰ってこなくなります。それらが野生化し、繁殖したものが、現在のドバトの祖先です。そのため、世界各地の都市でドバトが見られます。

ドバトにはいろいろな体色がある。

ドバトはなぜ人を恐れないのか

こうして見ていくと、ドバトのいろいろな生態にうまく説明がつきます。

ドバトは人を恐れません。なぜかといえば、元が飼われていたハトだったからです。より正確にいうと、人を恐れるようなハトは、伝書鳩やレース鳩として役に立ちません。人を恐れないハトが選抜されてきたのでしょう。群れる性質も、鳩舎などでまとまって飼われてきた歴史のなかで、性質として引き継がれたのかもしれません。

人を恐れず、あつかましいときも。

いろいろな模様がある不思議

ドバトの羽色も説明できます。ドバトをよく見ると、羽の模様が個体ごとに違います。けれど普通は同じ種は同じような模様をしているものです。だからこそ、私たちは、種を見た目で識別できるのです。

しかし、ドバトは、黒っぽいものから真っ白なものまでいます。さらによく見ると、灰色で翼に2本の線がある灰二引、ゴマ模様、赤褐色のものも。これは、伝書鳩を生産する際に、模様も商品の価値として、いろいろなタイプのものが交配によってつくられたからです。それらが逃げ出し、野外で交配するので、いろいろな組み合わせができました。

なお、ドバトは世界的に黒色化しているといわれています。日本のドバトも黒いものが増えていますが、理由はいろいろな説があり、はっきりわかっていません。これから何十年後には、ドバトは黒ばっかりになっているかもしれませんね。

ドバトとキジバトの違い　歴史からひも解く

キジバトは、日本に古くからいるハトです。ドバトのように群れることはなく、体の色にもバリエーションはありません。ドバトと違って人に慣れておらず、いわゆる普通の野鳥です。歴史の違いが、ドバトとの違いをもたらしているのでしょう。とはいえ、キジバトも昔とくらべると人との距離が近くなった鳥です。

キジバトの特徴

キジバトは、かつては山の中の鳥で、街に出てくるのは冬くらいのものでした。しかし昭和30年ごろから次第に都市にも出てくるようになったのです。昭和50年代の新聞には、街の中でキジバトが繁殖したことが珍しいこととしてとり上げられているほど。現在は、日本中の都市で繁殖しています。

鳴き声の違い

キジバトは特徴的な声で鳴きます。「デーデーポーポー、デーデーポーポー」と。これは、なわばり宣言の意味があります。自分はここにいて、自分の領土なので、ほかのキジバトには入ってくるな、と伝えているのです。これに対してドバトは、「クルックー」などとは鳴きますが、大きな声を出すことはありません。群れているので、なわばりを宣言する必要がないからです。

食べ物は植物食が基本

ドバトもキジバトも、食べるものは似ていて基本的に植物食です。木の実、穀物、豆などを食べます。ただし、ドバトは公園などで人からエサをもらうことに慣れているので、かなりそれに依存しているかもしれません。

巣は人工物か木の上か

ドバトは巣を人工物につくります。たとえば、高架下の棚になっているところや、配管の上などに、枝を組むのではなく、ただ置いただけのかなり適当な巣をつくります。ベランダの植木鉢や放置自転車の籠に巣をつくった例もあります。

一方、キジバトは、木の上に枝を組んで巣をつくります。ドバトにくらべればしっかりしたつくりです。毎年同じところに巣をつくる傾向があるので、秋冬に古巣を見つけたら（P108）、翌年も、注目しておくといいかもしれません。

キジバトの巣は、木の上に。

繁殖と子育て　ドバトとキジバトの1年

ここまで紹介した鳥たちは、繁殖する時期とそうでない時期があり、時期によって生態にも違いがありました。しかし、ドバトやキジバトにはそういった違いがあまりありません。なぜなら、この2種は厳冬期を除き、ほぼ1年中繁殖できるからです。

ミルクで子育てする

年中繁殖できる理由はピジョンミルクにあります。普通の鳥は、親鳥がエサをとり、それを吐き戻したり、大きめの獲物であれば解体したりして、ヒナに与えます。このやり方だと、食べ物がたくさんある時期でなければ子育てができません。

しかし、ハトは親鳥が木の実などを食べて消化吸収し、そこからミルクをつくり出し、それをヒナに与えるのです。しかもメスだけでなく、オスもこのミルクをつくります。ミルクが出てくる場所は、食道の一部。それを口からヒナに与えます。このミルクには必要な栄養素がしっかり含まれていて栄養価も高く、消化効率もいいので、季節を限らずに子育てが可能になります。

1年中というのはちょっといいすぎですが、本当にエサが少なくなる冬を除いて、子育てができるのです。おそらくハトの祖先は、巣から長距離を移動してエサを探し、ヒナに与えるという生態をもっていたのでしょう。長時間、巣を離れないといけないので、ピジョンミルクで子育てをする能力を獲得したのだと考えられます。

いろいろな鳥の巣

秋になって葉が落ちた街路樹に、その年に使われた古巣を目にすることがあります。

大きさが、握りこぶしくらいであれば、メジロやカワラヒワが考えられます。大きめの茶碗くらいだと、モズかヒヨドリ。直径が20〜30㎝であればキジバト、地域によってはオナガの可能性もあります。しっかりつくられていればオナガかもしれません。50㎝くらいだと、ボソ、ブト、ツミなどが考えられます。

ハトはなぜ神社や寺によくいるのか

ドバトは、神社やお寺によくいます。そのあたりについて、少し歴史を含めてお話ししましょう。

まず、神社にはいくつか系統があります。たとえば、お稲荷（いなり）様をまつる稲荷神社とか、菅原道真（すがわらのみちざね）公をまつる天満宮などです。そのうち、日本にもっとも多い系統が、八幡（はちまん）神社。八幡神社は、戦いの神様として、源頼朝（みなもとのよりとも）をはじめ多くの武将（ぶしょう）から寄進（きしん）を受けました。そのため、規模が大きなものもあり、鎌倉の鶴岡八幡宮や、京都の岩清水八幡宮などが有名です。小さなものは、きっとご近所にもあることでしょう。

この八幡系の神社では、ハトが神様の使いとされ大事にされてきました。八幡系の神社の総本宮は、大分にある宇佐（うさ）神宮。まつられているのは応神（おうじん）天皇で、実在したとすれば4世紀末から5世紀ごろの天皇です。その母親が神功（じんぐう）皇后。いろいろ活躍して名をはせ、朝鮮半島に出兵したという説もあります。その際に、伝書鳩を使ったという説があるのです。

神功皇后が伝書鳩を使ったので、宇佐神宮ではハトが神の使いになったのか、それともハトを神の使いとしていたので、伝書鳩の話があとで尾ひれとしてついたのかはわかりません。とにもかくにも、八幡神社ではハトが大事にされてきました。

そして、最大勢力の八幡系の神社でハトが大事にされていたので、それがほかの系列の神社や寺にも波及した可能性があります。ある程度の年齢以上の人はご存じだと思いますが、昔は小さな神社やお寺でも、ハトのエサを売っていたものです。最近、見なくなったのは、フンなどが問題になって、エサを与えないようにというお達しが1981年に環境庁（当時はまだ省ではありませんでした）から出たためです。

八幡系の神社に行くと、境内にハトにまつわるものがいろいろあります。たとえば神社の入り口には、2頭の狛犬がいますが、そのかわりに2体のハトが置いてあります。また八幡宮と掲げられた額の八の字のところに、ハトが向かい合っていたりすることも。

自然が身近だった時代には、鳥と人の文化はさまざまな形で関わり合っていました。こういう形の「バードウォッチング」も楽しいので、ぜひやってみてください。

騒がしい声で群れて暮らす［ムクドリの生活］

中サイズでギュルギュル鳴く騒がしい鳥

日本全国の都市部から農地まで広くいます。木に自然にあいた穴や、人工物の隙間などに巣をつくり、ときに密集して繁殖することもあります。

夜には集まって、駅前などで、大きなねぐらをとることでも有名です。

基本的に留鳥ですが、北海道などの寒い地方にいるものは、冬になると南に渡ります。ですが暖冬の年には、北海道に居残るものもいます。

外見　黒い体で嘴は山吹色

ムクドリは、街の中にいる鳥のなかではまさに中型の鳥。スズメをはじめとした小鳥類とくらべると大きいのですが、ヒヨドリやツグミよりやや小さい位置にいます。そのため、大きさの指標である「ものさし鳥」として扱われることもしばしばです。

黒っぽい体に、山吹色の嘴が特徴的です。オスとメスで見た目に違いはありません。顔のまわりには放射状に白い模様が広がっており、これは英名であるWhite-cheeked Starlingにも反映されています。つまり「頬の白いムクドリ」です。

とまっていれば、ほかの鳥とはまず間違えません。飛んだときには腰の白さで識別できますが、下面しか見えないときは、大きさが近いツグミやヒヨドリとくらべ、翼と尾羽が体に対して短く見えます。

ヨーロッパから見れば「ホオジロ」ムクドリ。

鳴き声　さえずりはない？

幼鳥は、全体的に淡い色をしている。

鳴き声は、「ギュルギュル」「キュリリッ」「ギャー」「リュー」など。単調で、やや金属的な音色です。飛ぶときや、ねぐらをとるときも、この特徴的な声で鳴きます。シジュウカラのように、特徴的な節回しでさえずることはありません。これはムクドリが群れで生活をして、ほかのオスに対してなわばりを宣言する必要がないからかもしれません。

一方、東北以北の都市部で見られるコムクドリは、春先にさえずります。こちらはムクドリと異なり、なわばりをもつので、そのためでしょうか。コムクドリの地鳴きは、ムクドリと似ていますが、濁音が少な目で「キュルキュル」などと聞こえます。

食べ物　地面でよくエサをとる

雑食性で、動物質のものも植物質のものも食べます。

繁殖期は、動物質が多めです。エサとして手に入りやすく、ヒナにタンパク質を与えるためでしょう。木にとまっている虫も食べますが、より多いのは地面を歩いてエサを探すこと。地面を歩き、ときに止まって土の中に嘴をつっこみ、昆虫（コガネムシの幼虫やバッタ）、クモ、トカゲ、カエル、ミミズなどをとっているようです。

植物質では、サクラ、センダン、ムクノキなどの液果（やわらかい実）を食べます。また、サクランボ、モモ、ナシ、ブドウなどをねらうため、農家からは嫌われ者です。

巣　木や人工物の穴に

巣は、木に自然にあいた樹洞をよく利用します。ほかにも、換気口、雨戸の戸袋、トタンの隙間などの、建物にあるちょっとした隙間や穴にもつくります。スズメよりも体が大きいため、入り口も内部の広さも、より大きなものが必要です。そういった隙間に、枯草や枯れ葉を運んで巣をつくり、5〜6羽のヒナを育てます。

なわばりをもたないので、何十羽ものムクドリの巣が密集してつくられることもあります。こういったまとまった巣は、古い神社や城跡などで見られます。古く大きな木が何本もあり、樹洞も多いため、巣をつくりやすいからでしょう。

ムクドリの1年 繁殖後は集団で眠る

ムクドリのねぐら入り。

春 繁殖の季節

4月ごろからつがいをつくり始めます。卵は5〜7卵。温め始めてから2週間弱で孵化(ふか)し、3週間程度で巣立ちます。

ヒナが孵化すると、親鳥は公園の芝生など、草丈の低い場所でさかんにエサを集めます。それをくわえて巣まで飛んでいくのですが、その際、巣はかなり遠くにあることもあるようです。見えなくなるまで飛んでいくこともありますから。スズメであれば、エサをとっている場所から、だいたい100m以内、遠くても200m以内くらいに巣があるので、それとくらべると、ムクドリのエサ運びは大変なようです。

ムクドリは、ムクドリ同士で托卵することが知られています。ある調査では調べた巣の5割くらいが托卵されており、最大で12卵もの卵が産みこまれていました。なぜ、ムクドリにおいて、こんなに托卵が多いのかはわかっていません。ひょっとしたら、ムクドリが巣をつくれるような樹洞や人工物の隙間はあまり多くはないので、巣をもてないものがいるからかもしれません。それに群れで繁殖をするので、托卵する機会が多いということもあるでしょう。

なお、ムクドリの托卵は、カッコウの托卵ほど洗練されておらず、托卵された卵が無事に巣立つ確率はそれほど高くありません。できれば自分で繁殖したいけれど、できなかった場合の保険、くらいの意味合いが強いようです。

体に星の模様がある ホシムクドリ

ムクドリは、東アジアにしかいないので、ヨーロッパから来たバードウォッチャーには人気の鳥です。

一方、ヨーロッパには、ホシムクドリというのがいて、日本のムクドリと似たような生態をもっています。その名の通り、体に星があるように点々があります。こちらは日本にはめったにこない鳥ですが、冬にたまに渡ってきます。その際は、レアな鳥(珍鳥といったりします)として珍重されます。

日本から見れば「ホシ」ムクドリ。

夏　家族群の集まり

暖かい地方では、5月ごろに巣立ちが始まります。ヒナの姿は全体的に淡く、とくに体は灰色をしています。

一部のつがいは2回目の繁殖を試みます。一方、1回目の時期に巣をもてなかったつがいが、この時期になってようやく1回目の繁殖をすることもあります。

1回しか繁殖しない個体が多いためか、ムクドリは家族単位でいることが多いようです。さらに近所の数家族が集まり、20～30羽で行動する姿もよく見られます。6月ごろまでは、集まってもこれくらいの規模で、ねぐらをとっても、それほど大きな集まりにはなりません。

秋冬　群れの拡大と大規模な集団ねぐら

日中は数十から百羽くらいで行動しています。果樹を食べることもあり、農家の方には厄介がられています。前述したように、ナシなどを食べますが、柑橘類はめったに食べません。というのも、ムクドリは柑橘類に含まれるショ糖（砂糖の主成分です）を分解できないため、食べても意味がないからです。一方ナシやモモには果糖やブドウ糖が多く、こちらは分解できます。

昼間は小さな群れで活動しますが、夕方にそれらが集まり、駅前の街路樹などにねぐらをとります。その規模は、数千を超えることもあり、夕焼け空をまるでひとつの生き物のように飛ぶさまは壮大です。しかし鳴き声がうるさく、大量のフンが落ちるため、各地で問題になっています。

ムクドリの托卵!

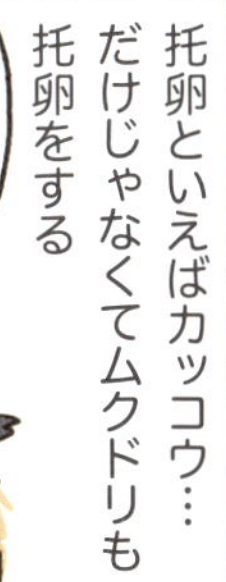

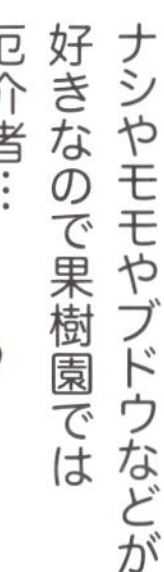

中型で1年中大きな声で鳴く［ヒヨドリの生活］

「ヒーヨヒーヨ」という鳴き声で有名

日本全国に広く分布する中型の鳥で、灰色の羽毛と長い尾をもっています。その細長い嘴で花の蜜を吸いますが、昆虫なども食べる雑食性です。

都市部から森林、農地まで幅広い環境に生息し、甲高い「ヒーヨヒーヨ」という特徴的な声で鳴きます。

渡り鳥の一面もあり、寒い地域の個体は、冬になるとより温暖な地域へと渡っていきます。

外見　赤茶の頬で頭がぼさぼさしている

都市に生息する鳥のなかでは、独特の大きさをもった鳥です。しいて言えばムクドリが似た大きさといえるでしょう。フォルムも独特で、尾羽が長く、頭は少しぼさぼさしています。電線にとまるときは、立ち気味の姿勢でとまり、飛ぶと深い波状飛行（P102）をするため、大きさも含めて遠くからでも見分けやすい鳥です。

全体的に灰褐色なので、一見、地味に見えるかもしれませんが、頬は赤茶色、さらに下腹部にはうろこ状の模様があり、意外にもおしゃれなポイントをもっています。雪景色のなかのヒヨドリは、なかなか映えて、「こんなにきれいな鳥だったのか」と驚かされることもあるほどです。なお、オスとメスは同じ体色をしており、見た目では見分けられません。

下腹部のうろこ模様が、隠れたおしゃれポイント。

鳴き声　さまざまな声で鳴く

「ヒーヨヒーヨ」のほかにも、「ピィ、ピィ」「ピーィヨ」「ピィュル」など、高く大きな声で鳴きます。「ミュウ」みたいな声を出すことも。音色はするどいですが、独特の節などはないので、慣れないうちはムクドリの声との違いに迷うかもしれません。違いは、ムクドリの声は出だしがギで始まることが多いですが、ヒヨドリはその名の通り、ヒかピで始まることが多いのです。

さえずりとしっかりわかるものはありません。しかし、春先には電線や木の梢にとまり、複雑で長めの声で鳴いています。それが、なわばり宣言なのかもしれません。また、ムクドリとは違い、ヒヨドリは集まって巣をつくることはありません。

巣　木にこっそりと

木の枝に、枯れ草やつる、たまにビニール袋を細くしたものなどを使って、おわん形の巣をつくります。巣の大きさは、まちまちで、10㎝強のものから、20㎝を超えるものまであり、大きさから巣を判断するのはちょっと難しい鳥です。

高い場所にとまっていることが多いので、巣も高いところにあると思いきや、そうでもありません。たしかに、街路樹の10mくらいの高さにもあるのですが、2mくらいの庭木や、低い場合には、背丈ほどの垣根につくっていることも。それから、ごくまれに人工物につくることもあります。後述するように生息密度が低いので巣もなかなか見つかりません。

食べ物　花の蜜や果実が好き

嘴が細いことからもわかるように、花蜜を吸います。春にはサクラの蜜を吸っている姿をよく見かけます。その際、スズメのように花を噛みちぎったりせず、花粉を運ぶ役割をきちんと果たします。

サクラが散ったあとも、季節折々の花を訪れ、花が少なくなった秋以降も、庭や公園のサザンカやツバキにとまり、顔を花粉だらけにしながらせっせと蜜を吸っています。また木の実（液果）も好んで食べます。一方で、害鳥の一面もあり、柑橘類や、キャベツやブロッコリーなどの葉を食べるため、農家の方々には嫌われることもあります。

その細い嘴で花の蜜をよく吸う。

意外と肉食の一面もあり、飛んでいるトンボやセミ、木や壁を登っているヤモリやトカゲをとることもあります。これらをとるのは繁殖期に多く、おそらくヒナに動物性タンパク質を与えるためでしょう。

ヒヨドリの1年　秋に南へ移動するものも

孵化後、約10日で巣立つ

ヒヨドリは、ほぼ1年中同じような声で鳴き、さえずりのようなものがありません。それでも、P191で述べたように春先には複雑な声で鳴くことがあります。

よく鳴いて体も大きく、見つけやすい鳥のひとつです。そのため、街の中にたくさんいるように思えます。しかし、調査してみると繁殖期の生息密度は意外と低く、500m×500mに2つがいあれば多いほうです。同じ面積のなかに、スズメであれば100巣ちかくありますから、その差は歴然です。

巣そのものを見かける機会は少ないのですが、行動圏が広いためか、春先には、つがいと思われる2羽で追いかけ合う様子をよく見かけます。前方を飛んでいるヒヨドリの尾羽を、後ろの1羽が嘴で軽くくわえているのではないかと思うほど接近したまま飛び回り、その後、2羽で仲良くとまっていたりします。その際、メスがオスにエサをねだることもあります。

春先に4、5卵を産み、温めてから2週間弱で孵化。その後、巣立ちはスズメより早く10日ほどです。ただし、スズメと違い、まだ飛べない状況で巣立つことが多いようで、巣の近くでしばらく過ごします。ときどき巣から落ちたと間違われて保護されたりしますが、ヒヨドリに限らず、飛べないまま巣立つ鳥もいるので、ヒナを見つけたらそっとしておきましょう。

ヒヨドリの渡り

春や秋には、海を渡るヒヨドリを見ることができます。岬で見ていると海に飛び出していきますし、船に乗っていると、群れが横を並走していることもあります。群れの大きさは、街の中で見るよりも少し大きくて、200～300羽ほどです。

ムクドリがまるでひとつの生き物のように群舞するのにくらべ、ヒヨドリはばらばらと飛びます。波状飛行(P102)をするので、くっつきすぎるとぶつかるのかもしれませんね。

群れで飛ぶとき、1羽1羽の隙間が大きい。

真夏でも鳴く

ヒヨドリは繁殖に失敗することも多いためか、比較的遅くまで子育てを行っています。うまく巣立った場合は、家族単位で暮らしているようです。その後、晩夏になってもムクドリのように群れることはありません。ヒヨドリは生息密度がそもそも低いため、集まることが難しいのかもしれませんね。

この時期、多くの鳥はほとんど鳴かなくなり、地鳴きすらしないほど静かです。しかしヒヨドリは、春にくらべて頻度は下がるものの、よく鳴いています。公園などでほかの鳥の声がまったく聞こえないなかでも、ヒヨドリの「ピーヨ」という特徴的な声だけは聞こえることがあります。

秋冬 渡りをするものもいる

9月末ごろから、ヒヨドリは南へ移動します。街中でも数十羽で群れているものがいますが、それも渡り途中の個体だと思われます。

この移動は、寒い地方の個体だけでなく、西日本の個体も行います。ただし、日本全体のヒヨドリがスライドするように南下するわけではなく、1年中同じ場所にいる留鳥タイプの個体もいるようです。ただし、その割合はわかっていません。

一方で、春夏に低山で繁殖したヒヨドリのなかには、秋になると公園などに下りてくるものもいます。これは漂鳥タイプといえるでしょう。

横に細長い体でテケテケ歩く［ハクセキレイの生活］

近年、街でよく見られるようになった鳥

かつては主に海岸に生息していて、都市部には冬だけやってくる鳥でした。しかし、1980年ごろから日本全国の都市で繁殖するようになり、現在はすっかり街の中でも、おなじみの鳥になっています。

白と黒から構成されるはっきりした配色をもち、地面を歩きながら長い尾を上下に振る仕草が特徴的です。また、飛ぶ際の波状飛行（P102）も目立つので見分けやすいでしょう。

外見　白黒基調で特徴が多い

大きさはスズメより少し大きく、重さもスズメの24gに対し、ハクセキレイは30gあります。長い尾羽をもち、全体的に横長の体型をしています。電線にとまるときも、ツバメやヒヨドリのように尾羽が真下を向いていることはなく、尾羽は水平か、やや斜め下くらいを向いています（P102）。

白黒を基調とした配色で、非常に見分けやすい鳥です。オスとメスでは、少しだけ配色が異なっていて、オスは背中が真っ黒ですが、メスはやや淡い灰色をしています。見分けるのに迷うとしたらセグロセキレイですが、こちらは頬が黒いことが特徴で、それが見分ける決め手になります。

地面にいるときは頻繁にその長い尾を上下に振り、動きの印象が強い鳥です。また、テケテケテケと走りまわり、飛ぶときは波状飛行をするなど、独特の仕草が多い鳥です。

頭と背の色は夏と冬でも違いがある。

鳴き声 飛び立つときに鳴く

地鳴きは「チチン、チチン」。地面でも鳴き、飛び立つときにも、この声をよく出します。なお、セグロセキレイの地鳴きは、「ジュ」とか「ジュジ」とか少し濁った声で、キセキレイの地鳴きは、ハクセキレイよりも高く澄んだ声です。とはいえ、3種とも、ほかの種に似た声を出すこともあるので、参考程度に考えてください。

ハクセキレイは春にさえずります。「チチン、ジュイ、ジュイ、ピチュル、ギュイ、ジュイ」などと、少なくとも何かパターンがあるようには聞こえない声で、長く複雑に鳴き続けます。目立つところで鳴くこともありますが、地面で歩きながら、少し控えめに鳴いていることもあります。

複雑な声で10分以上さえずることも。

昆虫を好む

ハクセキレイは、パンくずなども食べるため、一応雑食性の鳥です。しかし、実際に食べているものは動物質が多く、肉食の鳥といえるでしょう。とくにカゲロウ類やトンボなどの昆虫を好んで食べます。

飛んでいるものを捕まえることもあれば、水辺や地上でていねいに地面をついばむ姿も見かけます。また、水辺で魚の稚魚を食べた例もありますが、これはあまり多くないようです。

さらに、コンビニやビル、街灯の近くでもエサを探します。夜に明かりに集まった虫が、そのまま壁に張りついていたり、地面を歩いていたりするためでしょう。

おわんの形の巣をつくる

ハクセキレイの本来の繁殖環境は海岸です。切り立った岩場の隙間などに巣をつくります。巣はおわん形で、外側には枯れ草を用い、内側には羽毛などやわらかいものを敷き詰めます。

街の中では、本来の生息地と似た形状をした人工物に巣をつくります。たとえば、橋げた、石垣の隙間、看板や室外機の隙間などです。

たまに船や車など動くものに巣をつくってしまうこともあります。その場合、移動した乗り物についていってヒナにエサを与える親鳥もいれば、定位置に戻るまで待つ親鳥もいます

ハクセキレイの1年　繁殖後は集まって眠る

春　求愛ダンスでメスにアピール

サクラが咲く前ごろから、オスはさかんにさえずり始めます。そして、メスに向けて求愛ダンスをする姿も見られるようになります。

求愛ダンスでは、地面にいるメスのまわりで何度もお辞儀をしたり、体をふくらませたり、両翼を広げて傾きながら右へ左へと動きまわります。するとメスが追い払うように嘴でつついてきますが、オスは飛び跳ねて避け、再び前進してダンスを続けます。これが求愛ダンスのお決まりの流れです。もしメスが本気で嫌な場合はつつくこともせず、どこかに飛び去るはず。メスが地面にとどまっている時点で、求愛を受け入れる可能性があることを示しているのでしょう。

めでたくつがいになると巣をつくり、4～5個の卵を産みます。孵化(ふか)にも巣立ちにも約2週間かかります。ヒナにエサを与えるためか、夜でもコンビニやスーパーの街灯に集まる虫をとる親鳥の姿が見られます。

この時期、ハクセキレイは非常に攻撃的になり、巣に近づくほかの鳥を追い払います。たとえば、ヒヨドリやカラス類、タカの仲間に対して、1羽またはつがいで執拗に追い回します。このような行動を「モビング」と呼びます。トビや人間を相手にモビングをすることもあります。

セキレイの仲間、ホオジロハクセキレイ

ハクセキレイの過眼線は黒です。しかし、たまにこの線がないものがいます。

それはホオジロハクセキレイというハクセキレイの亜種です。大陸にいて、たまに日本にやってきます。バードウォッチャーの間では、短く「ホオハク」などと呼ばれます。

この名前、誰がつけたか知りませんが、名が体を表していません。ハクセキレイそのものが、頬が白いのですから。また漢字で書くと「頬白白鶺鴒」なので、ややこしいのです。

たしかに頬は白いけど……。

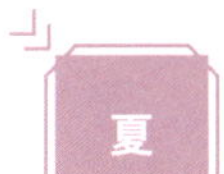

夏 親が巣立ちビナの世話をする

6月ごろから、エサをねだる巣立ちビナを見かけるようになります。ヒナは、頭の色が明瞭な白黒ではなく、白の部分がクリーム色をしています。親が2羽でヒナ4羽くらいのこともあれば、親が1羽でヒナが1〜2羽のことも。ヒナが多いためにオスとメスでヒナを分けて世話をしているのか、それとも何らかの理由でヒナが減ったので片親だけで育てているのかもしれません。

親鳥が直接ヒナにエサを与えることもあれば、一緒に歩いて自分でエサを食べるよう促しているように見えることもあります。このような行動は、遅いときは10月ごろまで見られます。

秋冬 集団になってねぐら入りする

秋になると、1羽1羽が弱いなわばりをもち、単独で生活します。ただし、オスのなわばりにはメスが入ることが認められるようです。翌年のつがい候補なのかもしれません。

昼間は単独行動ですが、夜になるとしだいに集まり始めます。そして、夕空を数羽で固まりながら一方向へ飛んでいきます。行き先は橋げた、駅前のビルの看板、街路樹などです。そこで通常100羽ほど、多くても1000羽ほどが集まり、ねぐらをとります。ムクドリのように騒がしく鳴かないため、下を通っても気づかないほどです。しかし、やはりフンが落ちるため、各地で問題視されています。

踊るように求愛!

ウグイス色でちょこまか動く［メジロの生活］

目のまわりが白いからメジロ

　スズメより小型の鳥で、黄緑色の体に白いアイリングが特徴です。「目白」という名前の由来にもなっています。

　日本全国に広く分布し、山林、公園、庭先などさまざまな環境で観察されます。なお北海道では夏鳥です。

　主に果実や花の蜜を食べる果実食性ですが、昆虫などの小さな無脊椎動物も捕食します。秋冬になると、シジュウカラなどと一緒に混群をつくることもあります。

外見　ウグイス色なのはじつはメジロ

　スズメより小さく、全体的に細身の体型をしています。嘴も細く、ある意味、流線形。木の上では、その小さな体を生かして、ちょこまか素早く動きます。

　目（虹彩）自体は明るい茶色ですが、そのまわりに、はっきりとした白いアイリングがあるのが最大の特徴。喉のあたりやお尻はきれいな黄色。体の色は雌雄とも同じ色で、和菓子や和柄などに登場する「鶯色」に近い色です。

　ちなみに実際のウグイス（P50）は茶褐色です。これは、ウグイスとメジロが混同されたといわれています。花札にある「梅に鶯」も、色はメジロの色が使われています。実際に、梅の木で蜜を吸うのはメジロなので、そういう意味でも混同されたのかもしれません。

ウグイス色のメジロ。

鳴き声 晩冬からさえずる

さえずりは「ピィチュルチィチュル」といった複雑な声を繰り返します。聞きなしは「長兵衛、忠兵衛、長忠兵衛」。まだ寒さが残るころからこの声が森の中で聞こえ始めます。そして、7月ごろまではさかんに鳴き、遅い場合には9月ごろまで耳にすることもあります。

鳴く場所は木の上や電線など目立つこともありますが、どちらかといえば木の中です。そのため、さえずりが聞こえても姿を見つけられない場合が多いです。

地鳴きは「チィー」や「キュキュキュキュィ」などで、たまにカワラヒワに似た「キリキリ」という声も発します。

花の蜜や果実を好む

花の蜜が大好物です。街中ではツバキ、ウメ、サクラなどの蜜を、山では季節ごとに咲く花の蜜を吸っています。嘴が細いため、花の正面から蜜を吸いながら顔に花粉をつけ、ほかの花へ移動して、きっちり受粉の役割を果たします。

果実も好み、甘い汁を含む果皮などをついばんだり、むしりとって食べますが、硬い実には手（嘴）を出さないようです。

一方、動物質もよくとります。とはいえ、体は小さく嘴も細いので、ねらうものも小さく、そしてやわらかいものが多いようです。昆虫の幼虫（青虫など）のほか、チョウやハエなどの成虫、クモも食べます。

枯れ草などをコケで編む

巣は木の枝の二股に分かれた部分につくります。高さはさまざまですが、地上数mが多いようです。

巣の材料は枯れ草、コケ、枯れ葉などです。これらをクモの糸やガの繭をほぐして糸状にしたもので巻きつけ、巣をつくります。都市部ではこれらの材料が集めにくいためか、コケのかわりに枯れ草を、クモの糸の代わりにビニール紐などを利用することもあります。

巣の直径は6～7㎝と非常に小さく、冬になると地面に落ちているのを見かけます。小さいため頑丈さに欠け、落葉後に風で吹き飛ばされやすいのかもしれません。

メジロは、ガマズミやマユミなどの果実をよくついばむ。

メジロの1年　秋以降は混群になることも

春　北と南で卵の数が違う

メジロは冬の終わりごろからさかんにさえずるようになります。なお、北海道では、冬の間も残るものは少しはいるのですが、基本的には夏鳥で、春になると本州から渡ってきて、さえずる鳥です。

サクラが咲く時期になると、蜜を吸っているメジロをよく見かけます。サクラの花の中に埋もれるように動いていて、次々と吸っていく姿はかわいいもの。ひとつの花に嘴を入れている時間が1秒もないくらいで、つつくようにどんどんと吸っていきます。この素早さは、おそらく嘴などが花の蜜を吸うのに特化しているからできるわざなのでしょう。足で枝をつかみ、逆立ちするように頭を下に向けて吸っていることもあります。

南の地域ほど早く子育てを始めますが、これはほかの鳥でも見られる行動です。また、地域によって産む卵の数や繁殖回数が異なり、これもほかの小型の鳥にも多い傾向です。北の地方だと4卵くらい産んで繁殖回数は1～2回、南では2～3卵を産んで、3～4回の子育てをします。

この理由は、北のほうが子育てをできる期間が短いとか、南のほうが捕食者が多いなどが考えられます。

卵は約10日で孵化（ふか）し、その後約10日でヒナが巣立ちます。巣立ったヒナはしばらく親に世話をしてもらったあと、巣立ちビナ同士で群れをつくって過ごします。

梅に鶯

梅によくいるウグイス色の鳥はメジロ。

メジロとウグイスが混同されていたかもしれない、という話をP198で紹介しました。しかし、昔の人は鳥をよく見知っていたように思います。また、鳥を飼う文化もあったので、2種とも日常的によく目にしたはずです。

ひょっとしたら、ウグイスという言葉がいまよりも曖昧に春の鳥を漠然と指していたのかもしれません。それに現代でも、カジキをマグロといったりしますから、わかっていてあえて使った可能性もありますね。

夏 花粉を運ばない吸い方も

夏ごろにも、さかんにさえずっているので、おそらく2回目の繁殖をしているのでしょう。ほかの多くの鳥がさえずるのをやめても、わりとメジロはさえずっています。ヒヨドリほどではないですが。

さきほど、メジロはちゃんと花粉を運ぶ役割をしていると書きました。しかし、メジロも花によっては、花粉を運ばず、蜜だけを吸う盗蜜をします。

たとえばハイビスカスのような大きな花の場合は、蜜が奥にありすぎて、さすがのメジロでも蜜まで嘴が届きません。そういうときは、ハイビスカスの花の付け根にある蜜線に嘴で穴をあけて吸うのです。

秋冬 小さい群れに

秋以降は、小規模な群れで民家の庭木から低山の林に生息します。その際、シジュウカラやヤマガラなど、ほかの小鳥と混群をつくることもよく見られます。

ミカンやカキがあれば頻繁に食べに訪れますが、それをねらってヒヨドリやツグミが現れると、体格差の影響で追い払われ、退散してしまうことも少なくありません。

液果も大好物で、大きな果実は嘴に入らないため、実をついばんで食べます。一方、小さいものはそのまま丸飲みします。丸飲みした実のやわらかい部分は消化され、種子はフンとして排出されます。このようにして種子を運ぶことで、植物の分布を広げることにも貢献しているのです。

電線や電柱の鳥を観察しよう

電線にはよく鳥がとまっています。遠くからでも見つけやすく、これだけ鳥の全身がしっかり見える状況はあまりないので、じっくり観察してみましょう。

鳥からも視界が開けている

私たちから電線にとまっている鳥を観察しやすいということは、とまっている鳥からもよく見えているということ。こんなに視界の広いとまり木は、自然界にはないかもしれません。

そのため、鳥にとって電線は、さえずったり、自分のなわばりに侵入者がいないかを見張るには恰好の場所。また、群れる鳥にとっては、互いがどこにいるかがわかるので、樹木よりもいい集合場所かもしれません。

ほかの鳥に襲われる危険性は？

一方で目立つので、電線にとまっていると、タカなどに襲われないか心配です。しかし､タカが近づいてきたとしても死角は少ないので、すぐに気づけそうです。

それに、タカにとって、電線にとまっている鳥を襲うのは危険なはず。というのも、タカが木の枝先にとまっている小鳥を襲う場合には、速い速度で近づいて思わず枝先に体がかすったとしても、枝はしなるので大丈夫。ところが、電線は見た目以上に重く、両側から引っ張られているのでしなりません。電線に翼がかすると、おそらく折れてしまうでしょう。だから、電線にとまっている小鳥は、わりと安全なのだと思います。

そのタカたちも、自分が獲物を探す際には、電線や電柱をとまり木として重宝しています。とくに、農耕地のような、ほかにとまる場所がないところでは、とまっているのをよく見かけます。

電線にとまる鳥、とまらない鳥

すべての鳥が電線にとまるわけでもありません。

まず足の構造。カモのように水かきのある鳥はとまることはできません。ただし、カワウは水かきがありますが、木に巣をつくることもあってか、上手に電線にとまります。キツツキの仲間は、足の形状からすればとまれるはずですが、どうも電線が好きではないようで、あまりとまりません。

また目立つ場所にあまり出てこない鳥がいます。わかりやすいのはウグイス。ウグイスはたいてい藪の中にいて、あまり明るい場所に出てきません。それゆえ、電線にもあまりとまらないのです。

一方、とまりそうにないのにとまるのはサギの仲間。あの長い足で、電線をしっかりとつかんで、電線の上に屹立(きつりつ)していることがあります。

電線にとまった鳥は全身が見えやすい。

サギ類はとまりづらい気がするが、そうでもない。

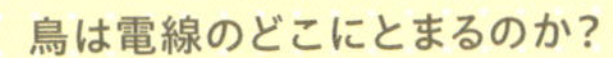

鳥は電線のどこにとまるのか？

近くの電線を見てみてください。いろいろな高さに線があることがわかるはずです。ざっくりと説明すると、高いところにあるのが各家庭に電気を配っている線で、少し低いところにあるのは、インターネットや電話の線です。

みなさんが鳥だったら、どの高さにとまりたいでしょうか。調べてみると、多くの鳥は、電線の一番高いところにとまる傾向がありました。ただし、スズメとツバメは例外的に、中程度の高さにもよくとまります。

それから、電線は2つの電柱の間に少したわんで張られています。みなさんが鳥だったら、真ん中のたわんだあたりにとまりたいですか？　それとも揺れの少なそうな電柱に近い場所？　これについては、大きな鳥は電柱近くにとまり、小さな鳥は関係なくとまるか、あるいは真ん中付近にとまる傾向があります。

たかが電線にとまっている鳥も、このように観察してみると、奥深さがありますよね。

電柱に巣をつくる

鳥にとって、電柱や電線は、とまるだけの場所ではありません。巣をつくるものもいます。

カラスの仲間は、電柱と電線のつなぎめに枝を置いて巣をつくります。これが停電の原因になるので、各地で問題になっています。一方、スズメは電柱の鉄パイプや電線を保護するカバーに巣をつくります。こちらの場合、停電はおきません。

キツツキの仲間が巣をつくることもあります。といっても昔の話。かつての電柱は木製でしたので、そこに穴をあけて巣をつくっていました。さらに、その古い穴をほかの鳥が使うこともありました。現在でも、まれに見かけます。

このように鳥は電柱や電線を、とまり木や巣をつくる場所として利用しています。街にいる鳥にとって、電柱は木であり、電線は枝なのかもしれませんね。

鳥は電線で感電しないの？

子どものころ、「電線にさわったら危険」と教わった人も多いと思います。では、なぜ鳥は大丈夫なのでしょうか。それについて簡単に説明しましょう。

電線のほうが鳥より電気が流れやすい

水や金属には電流が流れやすく、ゴムには流れにくいというのはご存じでしょう。これは、電流の流れやすさの違いである「抵抗」で説明されます。抵抗が小さい金属は電流が流れやすく、ゴムは抵抗が大きいので電流が流れません。

これが電線にとまる鳥にも適用されます。電線にスズメがとまっていたとして、電線の足元まできた電流は、スズメの体に向かうか、それともそのまま電線を進むか、いわば「選択」をすることになります。その際、スズメの体よりも電線のほうが抵抗が小さいので、スズメの体に流れずに電線に向かうのです。

電位差があると電流が流れる

でも、どんな場合でも大丈夫というわけでもありません。電流の性質として、抵抗があっても、電位差が充分にあると流れるのです。

たとえば空気は、とても抵抗が高いので、普通は電流を通しません。しかし、雷雲が発生して、空と地面との電位差が大きくなりすぎると空気ですら電流が流れてしまうのです。それが雷。

人間でも同様です。仮に、私たち人間が1本の電線に両手でぶら下がったとしても電気は流れません。右手と左手の電線の間には電位差がほとんどないので、わざわざ抵抗のある体の中を電流は通らないのです。

しかし、2本の異なる電線に1本ずつ手をかけるとか、あるいは1本の電線にぶら下がりながら足が地面につくと、それらの間には大きな電位差がありますので、体の中を電流が流れてしまうのです。鳥もとまっている限りは感電しません。でもたまに、大型の鳥の場合、翼が2つの電線をつないで感電死してしまうことがあります。

復習すると、電流は抵抗が小さいところを流れる性質をもっています。ただし2つの間に電位差があると、抵抗が小さいところでも、むりやり流れます。だから凧が電線にひっかかったり、何かの事故で電線が切れたりしていたら、近づかないで、電力会社の人を呼びましょう。

第6章

鳥見旅行から
美術や文学の中の鳥まで

鳥きっかけで
広がる世界

いつもの街をはなれて観察してみよう

少し遠出をして鳥を探そう

散歩コースでの鳥の観察に慣れたら、ちょっと遠くの公園まで鳥を見に行ってみませんか？

自転車、バス、電車、あるいは車で、30分程度で行けるようなところから試してみるといいでしょう。

どこに行く？ ネットで鳥情報を検索しよう

まずはインターネットで、住んでいる「地域名」と「バードウォッチング」「探鳥地」などで検索してみてください。おすすめの場所が紹介されているかもしれません。

その情報の発信者は、個人のこともあれば、各地で活動している野鳥サークルのことも。また最近では、観光情報として自治体のウェブサイトに掲載されていることもあります。地元の方がSNSで「こんな鳥がいた」と発信してくれていることもありますよ。

いつ行く？ 季節と詳細な場所

行く場所の候補が決まったら、「いつ」「どのあたり」が観察に向いているかも調べてみましょう。

たとえば、大きめの湖に冬になると水鳥がやってくるという情報を得たとします。当然、行く季節は冬です。時間帯は、午前中がいいでしょう。

そして、その湖の全域が観察に向いているわけではありません。カモがいるのは、おそらくカモたちが安心して眠れるようなところ。逆にいえば、見通しが悪いところには、おそらくあまりいないでしょう。ついでに、近くにヨシ原があれば、小鳥類も観察できるかもしれませんね。そして逆光にも注意です。

下調べをせずに行くと、ただ目の前に大きな湖が横たわっていて、鳥をまったく観察できない、なんてこともあります。

自分で探す 観察場所を想像してみる

もし、インターネットで調べてみたのに、近くによさそうな観察地がなかったとしても、残念がることはありません。そういうときは自分で探す楽しみがあります。

観察に向く場所は、これまでも紹介してきました。緑があり、水辺があり、そして高低差がある環境です。それから環境の境目もおすすめ。農地と林、川と山など、複数の環境が混ざったところに行くと、いろいろな鳥を一度に観察できます。

観察する場所の規模は大きいほうがいいので、山の裾野にある公園、ダム湖、河川敷、河口のようなところがないか探してみましょう。

なお、山林の中に深く入っていくようなところはあまりおすすめできません。なぜなら、山林という限られた環境だけでは、鳥の種類は思ったほど多くないからです。さらに、山の中に入ると、木が高くて鳥を見つけにくくなります。もちろん、そういう場所にしかいない鳥もいるので、それをお目当てに行くのであれば、それもまたよしです。

このようにして、地元の地図を見ながら、「ここはどうだろうか?」と観察場所を探してみるのも、また楽しいものです。ついでに、「帰りは、このだんご屋に寄ってみよう」とか「このお店で、お昼ご飯を食べてみよう」などの予定も組んでおくと、仮に鳥が観察できなくても、胃袋で満足できます。

私などは、鳥が観察できても、最後のご飯がおいしくないと、なんだか負けた気になります。

山の裾野にある公園

河川敷

河口

旅に行くついでに鳥を観察しよう

旅の「ついで」に見る

何か用事があって地方へ出かけたり、あるいは旅行に行くなど、自分が住んでいるのとは違う地域に行ったとき、ついでにそこで鳥を見てみる、というのもいいと思います。

そもそも旅は楽しいものです。街をただ散歩しているだけでも、気候の違いや、歴史や文化の違いを感じられます。

そこに、鳥を見る楽しみを加えることができれば、さらにお得です。

各地域でいる鳥が違う

日本国内でも、地域によって見られる鳥はいろいろです。北海道に行くと、山際の公園では、スズメだけでなく、少し赤みのあるニュウナイスズメがいます。東北地方より北では、街中にはムクドリよりもコムクドリが多く生息。東北地方から中部地方ではオナガが、沖縄ではヒヨドリよりもシロガシラという鳥が住んでいます。

「いない鳥」に気づく体験

「いない」ことに気づくのも楽しいかもしれません。関東に住んでいる人は、西日本に出かけた際に、オナガがいないことに優越感を感じてみてください。

また、冬の北海道にはキジバト、ヒヨドリ、メジロなどがほぼいません。エサがないので南に渡ってしまうからです。いないことに気づくと、肌で感じる以上に北海道の冬の厳しさを感じられるかもしれません。

声や行動の地域差

慣れてくると、鳥の声にも地域差があることに気づきます。たとえば、ホオジロの鳴き声。九州と東北では、かなり違います。全国共通だと思われているウグイスの「ホーホケキョ」ですら、微妙な地域差があるのです。国立科学博物館が提供する鳥類音声データベースでは、同じ種について、地域ごとの鳴き声を聴きくらべできるので、ぜひ試してみてください。

行動にも違いがあります。ハシボソガラスのクルミ割りが見られるのは、関東以北。

日本は南北に長いので、ひとつの種でもいろいろな違いがありますよ。

釣りや山登りで鳥を見る

釣りでは水辺の鳥に会える

釣りのついでに鳥を見るというのもおすすめです。

私の知人に、釣りも野鳥観察も楽しむ人がいます。川釣りであれば、カワセミやサギの仲間が、海釣りであれば、カモメ類などの海鳥が観察できます。

海辺で釣りをしながらカモメ類を横目で見るのもいい。

山の鳥に会う

登山とバードウォッチングも、相性がいい組み合わせです。とはいうものの、登山道で鳥を見かけることはあまりありません。山の鳥は、街で暮らす鳥より警戒心が強いので、こちらが気づく前に、先に逃げてしまっていることが多いからです。それに、こちらも歩きながらだと、なかなか見つけづらいのです。そもそも疲れていてそんな余裕もないですしね。

山では、休憩がてらに見晴らしのいいところで鳥を探してみましょう。山は上昇気流が発生しやすいので、大型のタカの仲間が山を背景に優雅に飛んでいたりします。また、ホトトギスなど、山でしか聞けない声もあります。「ツバメの巣」のところでジャワアナツバメの話をしましたが(P173)、この鳥の仲間であるアマツバメが、日本の山岳地帯にもいて、空をビュンビュン飛んでいたりします。その速度は、街の中のツバメよりも速いくらいです。

さらに、亜高山や高山まで登れば、お花畑やガレ場にしか生息していない鳥を観察できますよ。ビンズイ、カヤクグリ、イワヒバリなど。これらの声は美しく、疲れも吹っ飛ぶかもしれません。

イワヒバリのように高山にしかいない種もいる。

ツバメより大きなアマツバメ。

鳥を見る旅行に出かけよう❶ マガン編

鳥を見に行くための旅に出る

本書では身近な鳥に焦点を当てていて、彼らを観察するのは、それはそれで楽しいものです。しかし、身近な鳥を見ることに慣れてくると、いずれ「図鑑に載っているこの青い（あるいは赤い）鳥を見てみたい」と思うときが来るかもしれません。

あるいは映像や写真で見た、特定のシチュエーションで見てみたい、と思うこともあるかもしれません。たとえば、「朝日を背に、たくさんの鳥が飛び立つ景色」とか「雪の中のモフモフなシマエナガ」とか。

とくにガン類、ツル類、ワシ類などは、特定の時期に特定の場所へ行くことで、巨大な群れを観察できたり、その時期ならではの特別な背景のなかで出あえたりします。ほかでは得られない、大きな感動を味わうことができます。

そのためには、その鳥がいる地域に、季節を選んで行くことになります。つまり、特定の地域に、特定の鳥を見に行くことを旅の目的にするのです。

ガンを見に行く ▷ 冬の伊豆沼

ここではガンを見に行くことにしましょう。ガンあるいは雁（かり）は、言葉としてよく耳にしますし、描かれた姿を見ることもあるでしょう。しかし、普通に人生を送っていると、目にすることはまずありません。かつては日本全国にいたのですが、狩猟などにより減ったのです。

最近は、数は順調に回復していますが、それでも国内でガンを観察できる場所は限られています。そのなかでも、十万羽のガンを見られるのが宮城県の伊豆沼です。実際には、十万羽のガンをひと目で見ることは不可能で、一度に目にできるのは、数千羽といったところでしょうか。

群れになって飛ぶガン類。

冬に日本に渡ってくる

ガン（正確にはマガン）は、ロシア北部で繁殖し、冬になると日本にやってきます。ところが、カモの仲間やハクチョウの仲間のように、日本全国のあちこちの湖沼にやってくるのではなく、その多くが伊豆沼に渡ってくるのです。

マガンは10月のはじめごろから、伊豆沼に少しずつ飛来。11月の末ごろに数がピークに達し、1月下旬ごろから徐々に減り、2月末にはほぼいなくなります。

マガンは、夜、沼に浮いて寝ています。これは、キツネなどの地上性の捕食者からねらわれないようにするためです。そして、朝になると飛び立ち、近くの田んぼに下りて落ち穂などを食べ、夕暮れどきにまた沼に帰ってきます。

日の出とともに、田んぼなどへと飛び立つ姿は雄大。

早朝、一斉に飛び立つ

早朝、マガンが一斉に飛び立つ姿は圧巻です。一斉に飛び立つときはドドドドと地響きがするほど。「カハン、カハン」と鳴く声も朝日に映えます。そして、日の出から1時間もすると沼からいなくなってしまいます。つまり、観察するには早朝に行かなくちゃいけません。なお、とてつもなく寒いので防寒はしっかりとしてください。

さらに、沼のどこから見るかも大切。沼と聞いて、どれくらいの大きさをイメージされたかはわかりませんが、伊豆沼は一周約15km。マガンの飛び立ちは、沼のどこからでも見られますが、駐車場があって安全に観察できる場所、太陽を背にして飛ぶ姿を見られるところなど、観察に適した場所は限られています。逆光になって見づらい場所もあるので要注意です。

ガン類の中でもっとも多いマガン。

事前に情報収集する

伊豆沼のマガンのように、特定の鳥を見るためには、場所、時期、時刻を合わせる必要があります。旅の計画も、それに沿ってつくることになるでしょう。

そのためには、事前の情報収集が必須です。伊豆沼の場合は、サンクチュアリセンターがあるので、そのウェブサイトで情報を集めましょう。ちなみに、このセンターは展示もすばらしいので、ぜひ行ってみてください。マガンの行動理由がわかると、より一層、観察を楽しめます。

逆にいえば、時期を外すとマガンは観察できません。では、それ以外の季節には伊豆沼に行く意味がないかというとそうでもないのです。冬以外もまたいいものです。夏には、沼に多くのハスの花が咲き誇り、ハス祭りが開かれます。じつは、このハスが伊豆沼の生態系にとって重要なのです（というようなことが上述のセンターに行くとわかります）。違う季節に行くことで、見えてくることもあるのです。

鳥にやさしい観察を

マガンの飛び立ちを観察するためには、日の出前に現地に行かなくてはなりません。しかし当然ながらあたりは真っ暗。そしてマガンたちは寝ています。

うっかり湖面を、懐中電灯で照らしたり、あるいはカメラのフラッシュをたいたりすると、マガンたちは驚いて飛び立ってしまいます。はじめに驚くのは数十羽かもしれませんが、それが連鎖して沼全体がパニックになり、多くのマガンが飛ぶこともあるのです。そういうことが続くと、マガンたちは「伊豆沼は安全な場所ではない」と考えて、渡ってこなくなってしまうかもしれません。伊豆沼に限りませんが、多くの鳥がいる場所では、ふだんとは違う配慮が必要です。そういうことも事前に調べておくといいでしょう。

伊豆沼以外にも、全国には「ひと目でたくさんの鳥」を見られる場所がたくさんあります。いくつか紹介するので、旅先として考えてみてはどうでしょうか。

鳥の群れが見られる場所

名前	場所	季節	目的の鳥
鶴居・伊藤 タンチョウサンクチュアリ	北海道阿寒郡鶴居村	11〜3月	タンチョウ
宮島沼	北海道美唄市	4月下旬 9月下旬	マガン
蕪島	青森県八戸市	3〜7月	ウミネコ
伊豆沼・内沼	宮城県登米市	11〜1月	マガン
出水	鹿児島県出水市	12〜2月	マナヅル ナベヅル

早朝、鳥のコーラスを聞く

鵺(ぬえ)の異名をもつトラツグミ。

早朝の鳥のコーラスを聞いたことがありますか？　ない人は、一度ぜひ聞いてみてください。

季節は5月から6月。場所は街中でもいいのですが、やはり森がおすすめです。といっても、森の中に深く入る必要はありません。森林公園やダム湖の駐車場で充分。日の出の1時間くらい前には到着しているといいでしょう。なお、早朝はとても寒いのでご注意を。

暗いときには、夜の鳥たちの声が聞こえるかもしれません。トラツグミの「ヒョー」という不気味な声、ヨタカの「キョキョキョキョキョ」など。

そして日の出の30分ほど前になり空が白み始めると彼らは店じまい。今度は小鳥たちの時間になります。何かの拍子で1羽が鳴き始めると、連鎖的にいろいろな鳥が鳴いて、あっというまに森の中が、鳥たちの声だらけになります。

夜の鳥の声を聞く

木に座るヨタカ。

夜に活発に鳴く鳥たちもいます。姿を見るのは難しいのですが、声だけでも聞いてみるのはどうでしょうか。季節は5月がおすすめ。日の入りから1時間と、日の出前の1時間が聞きごろです（前述したように朝のコーラスと一緒に聞くこともできます）。

大きな城跡や公園などでは、フクロウの一種であるアオバズクの「ホーホー」や、ゴイサギの「ギャワ」という声を聞けるかもしれません。山に行けば、フクロウ、ヨタカ、トラツグミ、ホトトギスなど。ただし、夜の鳥たちの多くは生息密度が低いので、たまに聞こえる程度です。「聞けたら儲けもの」くらいの心づもりでいるといいでしょう。

街から離れた明かりが少ないところでは星もきれいです。うまくいけばテンやアナグマなどの夜行性の哺乳類も観察できるかもしれません。なお、夜ですので、どうぞ安全第一で。

鳥を見る旅行に出かけよう❷
渡り編

鳥たちが渡っているところを見に行く

春になれば夏鳥が、秋になれば冬鳥がやってくるのですから、「鳥が渡っている」ことは知識としてはわかります。でも、なかなか「渡っている現場」は目にできません。そんな現場を見ることができる場所がいくつかあります。

岬で渡りを見よう

「渡り」を見やすいのは、海峡に飛び出た岬。なぜなら、鳥が海を越えるときには、安全のために陸同士が近いところを選ぶ傾向があるからです。ここでは、青森県の津軽半島の先端にある竜飛崎と、その対岸にあたる北海道の白神岬を例に出して説明しましょう。

春は鳥が南から北に移動する季節。4月下旬から5月上旬ごろに竜飛崎にいると、鳥たちが北海道に向かって海に飛び出していきます。たとえば、メジロ、シジュウカラ、コムクドリなど。それらの小鳥をねらって、ハヤブサが見られることもあります。

天気が悪い日には、鳥は飛ぶのをためらって岬に留まります。すると、たくさんの鳥が、周囲の木々で見られます。なかにはめったに見られない鳥がいることも。

秋には、鳥が南下する季節なので、同じことが白神岬でも起きます。なお、到着側の岬でも渡りを観察はできますが、やはり出発側のほうが観察しやすいようです。

タカの渡り

小鳥だけなくタカ類も渡ります。前述の岬でも見られますが、愛知県の伊良湖岬、長野県の白樺峠、鹿児島県の佐多岬などが有名です。

これらの場所では、1日空を見上げていると、合計で数千羽にもおよぶタカを目にする日もあります。上昇気流が発生している場所では、数十羽のタカが、旋回上昇する「タカ柱」ができることもありますよ。

ご近所にもあるかも

お住まいの地域の近くでも、小規模ながら渡りを実感できるかもしれません。いつもは山にいる鳥からすれば、渡り途中の都市の上は、コンクリートの海のようなもの。そこにぽつりぽつりと島があります。

そう、それは大きな公園や神社、城跡などです。春や秋の渡りの際には、ふだんは見られない鳥たちが、羽休めに数日ほど立ち寄ります。たとえば、黄色のキビタキや青いオオルリなどです。

島に渡りを見に行く

鳥の渡りをさらに強く実感できる場所があります。それは、日本海側にあるいくつかの離島です。たとえば、山形県沖の飛島、石川県沖の舳倉島、山口県の見島、長崎県の対馬など。

鳥は海を飛んで渡る際、状況がよければ休憩なしで一気に日本海を渡ります。しかし、気象条件が悪かったり、あるいは鳥自身が疲れたりしている場合は、これらの島に下りて羽を休めるのです。時期は、春は4月下旬から5月中旬、秋は9月下旬から10月末です。

この時期に、島に泊まって数日観察すると1日で数十種類の鳥を見ることができます。さらに、日本ではめったに観察されない鳥（珍鳥）がいることも。本来は大陸にいて日本には来ない鳥が、ルートをはずれて島に下り立つためです。

そういった珍鳥を求め、人も集まるので、連休ともなれば、全国からたくさんのバードウォッチャーが訪れます。そういった人たちと交流してみるのも、こういった島に行く醍醐味です。なお、高度経済成長期には、この時期に休みをとるために、半年前から親戚に不幸があることを前提にしていた、なんていう人もいたようです。今は社会的に休みをとりやすくなったので、そういうことも減ったようですけれど。

島にいる鳥は、疲れているので、わりと近くで観察できます。写真も撮りやすいでしょう。しかし疲れていて逃げられないだけで、人に対して好意的なわけではありません。元気になって渡ってもらうために、適度な距離をとって観察するようにしてあげてください。

蚊のオスが集まった蚊柱はよく目にするが、
なかなかお目にかかれないタカ柱。

ヒヨドリなどの小鳥も群れになって渡る。

鳥を見る旅行に出かけよう❸ 干潟編

春と秋に旅鳥であるシギやチドリが訪れる

干潟とは、潮が引いたときに海岸沿いに現れる、泥や砂が広がった場所のこと。潮干狩りで有名なように、アサリをはじめとする貝類やカニ、エビ、ゴカイなど、泥や砂の中で生活する多くの生き物がいます。

そして、これらの生き物をエサとしている鳥たちが集まります。1年を通して生息している鳥もいますが、春と秋には旅鳥であるシギとチドリが立ち寄り、干潟はにぎやかになるのです。

干潟にはさまざまな生き物がいる

干潟は、大きな川の河口にできます。上流から砂が流れてきて、その砂が堆積してできるからです。

とくに、潮の満ち引きが大きい太平洋側に生じやすく、一方、日本海側は、満潮時と干潮時の水位の違いが小さいので、干潟になりづらく、あったとしても小規模です。

干潟は、遠浅なので残念ながら埋め立てに適しています。そのため、日本の多くの干潟が埋め立てられてしまい、大部分が消滅してしまいました。それゆえ、干潟を見たことがない人もいるかもしれません。現在は、貴重な干潟を守ろうという機運が高まっています。

干潟には多様な生き物がいて、干潟でなければ生息できない生き物もいます。そして、それらをエサにする鳥も、もちろん生息しています。

シギの仲間にはオオソリハシシギのように嘴が反っているものも。

シギやチドリの採食を観察しよう

干潟には、サギやカモもいますが、干潟の鳥といえば、なんといってもシギやチドリです。

いくつかの種は日本で繁殖をしたり、越冬するものもいますが、多くの場合、日本より北のロシア極東部やアラスカなどで繁殖をし、日本より南の地域で越冬をします。そのため、春と秋の渡りの時期に、羽を休め、栄養を補給するために、日本の干潟を訪れるのです。

一度、九州などにある広大な干潟に行ってみてください。ずーっと向こうまで泥や砂が続いています。堤防の上に立って足元を見ると、カニが泥につくった穴を出入りしているのを観察できるでしょう。

少し遠くを見ると、シギやチドリの姿があるかもしれません。小型のシギであれば、数羽から数十羽の群れになって、ゆっくりと歩きながら地面に嘴をつっこんで、ゴカイなどを引っぱり出しています。大型のシギは、1〜数羽で、やはりゆっくりと歩き、カニなどをひょいぱく。そしてチドリは、千鳥足というくらいで、タタタタタタッと右に走ったら止まり、今度は逆側にまた走って止まります。これは、エサを探している行動のようです。

ただし、シギやチドリはどれも姿が似通っていて、はじめは識別が難しいかもしれません。望遠鏡があると識別はしやすいかも。それと潮の時間（P94）にもお気をつけください。

夏と秋で色が違うものもいて、
ダイゼンは夏だけ腹黒。

シロチドリのように一部地域では留鳥のものもいる。

ミヤコドリのように、種が見分けやすいものも
たまにいる。

column

鳥を見に行く旅で観光もしよう

鳥を見る旅では、とにかく朝早く起きて、1日中あちこち見てまわるという人たちもいます。私もそういうことをやったこともあり、もちろん、それはそれで楽しいもの。

でも、鳥を見づらい時間帯もあれば、天候がよくない日もあります。そんなときは、普通の観光をしてみるのはどうでしょうか。

観光をして名物を食べる

たとえば、P210で紹介した伊豆沼の場合、近くに漫画家の石ノ森章太郎の記念館があります。温泉やおいしいレストランもたくさん。せっかくその地域に行ったのですから、名物を食べるのもいいでしょう。

鳥を見るのは無料だからこそ、そうやって地域にお金を落とすのも大切なことです。近年、観光客がどっとやってきて、地域住民の日常生活が乱されるオーバーツーリズムが全国各地で問題となっています。

野鳥観察をするような場所では、そういった問題は起きないように思えます。しかし、じつはそうでもありません。たとえば、見知った地元であれば、どこに車を停めれば迷惑がかからないかわかっているかもしれません。しかし、はじめての土地だと、それがわからず、観察のために停めた車が、地域住民の通行を妨げることがあります。

また、写真や観察のために田んぼ(=所有者がいる場所)に入り、畔(あぜ)を崩してしまうこともあります。私もそういう失敗をよくしました。

そういったことがあると、地元の方にとっては迷惑です。場合によっては「こんな鳥なんていないほうがいい」と、積極的に追い払うことまではしなくとも、地域の自然環境を守る機運を弱めてしまうこともあるかもしれません。

自然保護と観光

しかし、野鳥観察をする人がお金を落とせば見え方は変わります。その地域にとって自然が観光資源になるからです。

それぞれの地域で、観光資源である自然が守られ、バードウォッチャーである私たちは、その地域にお邪魔して、観察のついでに地域にお金を落とす。すると自然保護と経済がうまく回り始めます。

名物を食べることも大切です。食文化は、その地域の自然に基づいていることが多いので、名物を食べることが、地域の自然を守り、それが鳥たちの生息環境を守ることにつながるからです。

じつは観光というのは、文化と自然を守るとてもいい活動なのです。そんなことも考えながら鳥見旅をしてもらえるとうれしいです。

鳥きっかけで楽しむ美術や文学の世界

鳥がわかるようになると世界がもっと広がる！

鳥の姿を見て種名がわかったり、その鳥の生態について知るようになると、日々の散歩が楽しくなります。その楽しさは、野外観察以外の世界にも広がります。たとえば美術や文学。きっとこれまでとは違った見方で楽しめるようになるはずです。

描かれる鳥で季節を知る

絵のなかに鳥が描かれていても、これまでであれば「鳥」としか認識できなかったかもしれません。しかし、その鳥の名前がわかり、さらにその鳥がどんな生態をもっているかを知ると、絵から多くのものが感じとれるようになります。

一例として、剣豪・宮本武蔵（みやもとむさし）が描いたとされる「枯木鳴鵙図（こぼくめいげきず）」を見てみましょう（インターネットで検索すると出てくるので、ぜひ見てください）。この絵では、すっと伸びた枯れ枝に1羽のモズがとまっています。実際にモズが、このような場所によくとまることを知っていると、絵の雰囲気を深く感じとることができます。また画面の構成は縦長ですが、描かれていない周囲の光景までも想像できます。武蔵がなぜモズを描いたのか、その真意はわからないまでも、モズがまとう雰囲気を知っていればこそ、感じられるものがあると思うのです。

モズはなかなか珍しい題材で、鳥のなかでよく描かれるのは、ツル、タカ、ガンなどです。一方、本書で登場するような身近な鳥も、明治から昭和初期にかけては、題材となってきました。渡辺省亭（わたなべせいてい）、榊原紫峰（さかきばらしほう）、竹内栖鳳（たけうちせいほう）などの画家が、スズメ、ヒヨドリ、オナガなどを描いています。

とくに竹内栖鳳はスズメを好んで描き、あまりにうまかったため「雀一羽家一軒」といわれたほどです。つまり、スズメを1羽描けば家が一軒建ったというのです。多少誇張はあるでしょうけれど、彼の作品が高値で取引されていたのは事実です。

美術館や博物館での「バードウォッチング」も、いろいろな発見がありますので、ぜひ楽しんでみてください。

デザイン　鳥のモチーフを楽しむ

意匠（デザイン）にも、鳥がよく使われています。

竹に雀、松に鶴などの組み合わせが、絵として描かれたり、布の柄になっていたり。また、上杉や伊達の家紋にはスズメが、南部藩の家紋にはツルが、真田の裏紋にはガンが描かれています。

日本家屋では、襖に、ツル、ガン、タカなどが描かれていることは多くあります。それだけではなく、襖の引手の金具に、ワンポイントでツルが描かれたり、釘を隠す釘隠の金具が福良雀やツルのことも。

最近では、各地のマンホールの蓋の意匠に鳥が使われていることもありますね。

岩手県北上市のマンホールの蓋。
市の鳥「キセキレイ」とともに、
市の木「サクラ」、市の花「シラユリ」が
使われている。

効果音　映像に響く鳥の声

虫の鳴き声は映画やドラマの効果音としてよく使われます。夏にはセミの声、秋の夜にはスズムシの声など。それに負けず劣らず鳥の声もよく使われています。右の表のようにそれぞれの場面にあった声が使われるので気にしてみましょう。

しかし、音から得られる印象だけで、季節を無視した使われ方をしていることもあります。以前、時代劇を見ていたら、アカショウビンという夏鳥の声が聞こえてきました。私は夏の場面だと思っていたのですが、部屋の中に火鉢があり、外には雪が。回想シーンになったのかと混乱です。

知っているがゆえにドラマに没入できない弊害も、ときにはあります。

よく使われる効果音の例

種類と鳴き声	効果
スズメのチュンチュン	朝が来たことを暗示。山中などから、市井に場面転換
トビのピーヒョロロ	市井から郊外への場面転換。のんびりとした雰囲気を示す
アオバズクのホーホー	夜が来たことを暗示 ※フクロウやヨタカの声が使われることもある。ヨタカは古い時代劇ではよく使われていたが、今はほとんど使われない。
オオタカのキャッキャッキャッ	緊迫感がある声なので、季節や場面と関係なく単に効果音として使われることも。

文学に登場する鳥

文学作品や小説のなかにも鳥たちは登場します。たとえば古いものでは枕草子。作者の清少納言が、スズメをかわいいもの（うつくしきもの）として登場させています。現代人から見て、平安時代の、しかも貴族なんて、いったいどんな感性をもっているのか想像もつきません。けれど、スズメという共通のものから、作者の気持ちが、少しだけ、わかったような気になったりしませんか。

最近の小説でも、ちょっとした描写に鳥の名前や鳥の声が出てくることがあります。やはり、その鳥を知っていると、そのシーンがより鮮明になると思うのです。

和歌や俳句

鳥は和歌や俳句にも詠まれます。これも、その鳥の生態を知っていると、イメージが鮮明になり、あるいはより深く歌や句の意味がわかってきます。

逆に、詠まれた内容から、当時の人の鳥に対する知識を推し量ることもできます。現存する最古の歌集である万葉集にはいろいろな鳥が出てきますが、ウグイスの巣にホトトギスの卵があることを詠んだものがあるのです。つまり、当時の人たちがすでに托卵の生態を知っていたことになります。

当時の人にとって、鳥は現代より身近な存在だったはずです。鳥から何かを感じるということも多かったのでしょう。

慣用表現やことわざ

鳥は身近であったがため、慣用表現やことわざにもしばしば登場します。「カラスの行水」「鳩に豆鉄砲」「鵜呑み」「スズメの涙」「鶴の一声」などがそうです。

ことわざではありませんが、啐啄（そったく）同時（どうじ）という言葉もあります。もとは『碧巌録（へきがんろく）』という中国の仏教書にある言葉です。「啐」とは、ヒナが内側から卵の殻をつつくことで、「啄」とは、親鳥が外側から殻をつついて助けること。どちらが早すぎてもいけない、タイミングがうまくいくことで弟子（子）が成長する、といった意味でよく使われます。

しかし、実際は多くの鳥のヒナは、卵歯（らんし）と孵化筋肉（ふかきんにく）を使って自力で出てきます（P150）。親鳥もヒナが出てくるのにかなり時間がかかったとしても、基本的には待っているものです。

「啄」は余計なお世話なのかもしれませんね。

鳥の団体

鳥にさらにのめり込んだら、鳥に関わる団体に入ってみるのもいいかもしれません。ここでは5つご紹介。入会するにはお金がかかることもありますが、いろいろな情報が手に入り、催し物もあり、そのお金は、活動や鳥の保護の推進にも使われます。

■ 一般社団法人 **日本鳥学会**　https://www.ornithology.jp/

研究に特化した学術団体。学会というと、すごくお堅いイメージがあるかもしれません。この世にはそういう学会もあり、学術大会ではスーツ着用のようなところもあります。それにくらべて、ここは誰でも入れて、アマチュア研究者の方も大勢います。年に一度開かれる大会も、参加費さえ払えば誰でも参加できます。Tシャツとサンダルで参加するような方もいるくらい気軽な雰囲気があります。

■ 公益財団法人 **日本野鳥の会**　https://www.wbsj.org/

鳥に関する団体としては、日本最大の会員数。絶滅危惧種の保護、野鳥観察の普及、サンクチュアリ（自然観察施設）の運営を行っています。かわいい鳥グッズもたくさんあり、その収益が活動に役立ちます。日本全国に支部があって探鳥会などを行っています。

■ 公益財団法人 **日本鳥類保護連盟**　https://www.jspb.org/

野鳥に関する保護と啓発活動を行っています。とくに、小中高との連携や、愛鳥週間の推進などに力を入れています。

■ 認定NPO法人 **バードリサーチ**　https://www.bird-research.jp/

「人と自然の共存できる社会」を目指して、市民参加型の鳥類調査などを行っています。誰でも参加でき、また、さまざまな情報を集約していて、渡り鳥が今どれくらい渡ってきているとか、ほぼリアルタイムの情報を手に入れられます。ウェブサイトが充実していて楽しく、鳥の鳴き声のサイトなどもあります。

■ 公益財団法人 **山階鳥類研究所**　https://www.yamashina.or.jp/

千葉県我孫子市にある歴史ある研究所です。所員がいて、希少種の保護に役立つ研究などをしています。研究所ですが、所内見学会が定期的に開催されています。また近くに「我孫子市鳥の博物館」があり、そちらと連携をとっていることが多く、いろいろ情報が得られます。

鳥情報のおすすめサイト

■ **鳥の羽**

https://www.fws.gov/lab/featheratlas/idtool.php
https://www.featherbase.info/jp/home

■ **鳥の鳴き声の検索　バードリサーチ「さえずり検索」**

https://birdwatch.bird-reseatch.jp/

■ **ツバメのフン受け**

https://www.tsubame-map.jp/tubame_machi/funuke

※双眼鏡の日本企業としては、キヤノン、ケンコートキナー、コーワ、ニコン、ビクセン、日の出光学などがあります。鳴き声の録音は、TASCAM（タスカム）やソニーが専用の機種を安く出してくれています。アウトドアウェアは、モンベルがいろいろな提案してくれています。また、サントリー、キヤノンなどが、野鳥保護活動を行ってくれています。

◆参考文献

浅川真理・斎藤隆史. 2006. ムクドリの繁殖個体群構成. 山階鳥類学雑誌 38(1): 1-13.

Brown, T. J. and Handford, P. 2003. Why birds sing at dawn: The role of consistent song transmission. Ibis 145: 120-129. doi: 10.1046/j.1474-919X.2003.00130.x.

Caves, E. M., Fernández-Juricic, E. & Kelley, L. A. 2024. Ecological and morphological correlates of visual acuity in birds. Journal of Experimental Biology 227(2): jeb246063.

江田真毅. 2009. 第4章 遺跡から出土した骨による過去の鳥類の分布復原. 樋口広芳・黒沢令子編著 鳥の自然史—空間分布をめぐって. 北海道大学出版会, 札幌.

江口和洋. 2005. 鳥類における協同繁殖様式の多様性. 日本鳥学会誌 54(1): 1-22.

フランク・B.ギル著；山階鳥類研究所訳. 2009. 鳥類学. 新樹社.

後藤三千代・鈴木雪絵・永幡嘉之・梅津和夫・五十嵐敬司・桐谷圭治. 2015. 庄内地方におけるカラス 3 種のペリットの内容物から見た食性. 日本鳥学会誌 64(2): 207-218.

長谷川克(著)・森本元(監修). 2020. ツバメのひみつ. 緑書房.

樋口広芳・森岡弘之(著)・日高敏隆(編). 1996. 日本動物大百科3:鳥類1. 平凡社.

樋口広芳・森岡弘之・山岸哲(著)・日高敏隆(編). 1997. 日本動物大百科4:鳥類2. 平凡社.

堀江明香. 2014. 鳥類における生活史研究の最新動向と課題. 日本鳥学会誌 63(2): 197-233.

堀江明香. 2019. 各地で異なるメジロの暮らし. BIRDER 6月号: 22-23.

堀田正敦著；鈴木道男編著.2006. 江戸鳥類大図鑑：よみがえる江戸鳥学の精華『観文禽譜』. 平凡社.

Hutchinson, J. M. C. 2002. Two explanations of the dawn chorus compared: how monotonically changing light levels favour a short break from singing. Animal Behaviour 64: 527-539. doi: 10.1006/anbe.2002.3091.

細野哲夫. 1989. オナガの群れ生活の特質. 日本鳥学会誌. 37: 103-127.

池田昌枝・本村健・石井良明・内藤典子・藤田剛. 1991. 南関東都市部におけるチョウゲンボウの繁殖状況と環境特性. Strix 10: 149-159.

Jiménez, T., Peña-Villalobos, I., Arcila, J., Del Basto, F., Palma, V. & Sabat, P. 2024. The effects of urban thermal heterogeneity and feather coloration on oxidative stress and metabolism of pigeons (Columba livia). Science of The Total Environment 912: 169564.

鎌田直樹・遠藤沙綾香・杉田昭栄. 2012. ハシブトガラスとハシボソガラスにおける顎筋質量と最大咬合力. 日本鳥学会誌 61(1): 84-90.

川内博. 2019. 全国調査「イソヒヨドリはなぜ内陸部に進出するのか」東京圏調査開始にあたって. 都市鳥研究会誌36 (77): 2-13.

風間辰夫・土田崇重. 2018. 日本産鳥類 308 種と外国産鳥類 201 種の尾羽の枚数について. 日本鳥類標識協会誌 30(2): 80-106.

小池重人. 1988. コムクドリの繁殖生態. Strix7: 113-148.

小山幸子. 2006. ヤマガラの芸 新装版: 文化史と行動学の視点から. 法政大学出版局, 東京

MacFarlane, G. R., Blomberg, S. P. & Vasey, P. L. 2010. Homosexual behaviour in birds: frequency of expression is related to parental care disparity between the sexes. Animal Behaviour 80(3): 375-390.

三上修. 2013. スズメ: つかず・はなれず・二千年. 岩波書店.

三上修. 2020. 電柱鳥類学: スズメはどこに止まってる？. 岩波書店.

松尾淳一. 2004. 大阪市中心部の街路樹におけるキジバト・ヒヨドリの営巣位置. Strix 22: 117-124.

Nishida, Y. & Takagi, M. 2019. Male bull-headed shrikes use food caches to improve their condition-dependent song performance and pairing success. Animal Behaviour 152: 29-37.

Rajchard, J. 2009. Ultraviolet (UV) light perception by birds: A review. Veterinární medicína 54(8): 351-359.

Randler, C. 2016. Tail movements in birds—current evidence and new concepts. Ornithological Science 15(1): 1-14.

嶋田哲郎(著)・森本元(監修). 2021. 知って楽しいカモ学講 カモ、ガン、ハクチョウのせかい. 緑書房, 東京.

菅原浩・柿澤亮三. 1993. 図説日本鳥名由来辞典, 柏書房.

Stoddard, M. C., Yong, E. H., Akkaynak, D., Sheard, C., Tobias, J. A. & Mahadevan, L. 2017. Avian egg shape: Form, function, and evolution. Science 356(6344): 1249-1254.

Sturrock, N. J., Hatchwell, B. J., Firth, J. A. & Green, J. P. 2022. Who to help? Helping decisions in a cooperatively breeding bird with redirected care. Behavioral Ecology and Sociobiology 76(6): 83.

Yoshikawa T., Masaki, T., Motooka M., Hino, D. & Ueda K. 2018. Highly toxic seeds of the Japanese star anise Illicium anisatum are dispersed by a seed-caching bird and a rodent. Ecological Research 33(2): 495–504.

和田義一. 1995.「比米」と「此米」について 一集中の鳥名の 解釈をめぐって. 國文學 73: 81-92.

◆オンラインドキュメント

1) バードリサーチ生態図鑑 ヒヨドリ. <https://www.bird-research.jp/1/seitai/2_y_amaurotis.pdf>

2) バードリサーチ生態図鑑 キジバト. <https://www.bird-research.jp/1_newsletter/dl/BRNewsVol3No8.pdf>

3) バードリサーチ生態図鑑 コゲラ. <https://www.bird-research.jp/1/seitai/2_5_kizuki.pdf>

5) 環境省. 第54回ガンカモ類の生息調査(全国一斉調査)結果(速報). 添付資料　資料2図表 <https://www.env.go.jp/content/000041200.pdf>

6) 国立研究開発法人農業・食品産業技術総合研究機構　動物行動管理グループ <https://www.naro.affrc.go.jp/org/narc/chougai/index.html>

7) 水谷豊文. 出版年不明(江戸後期). 豊文禽譜. 国立国会図書館 < https://ndlsearch.ndl.go.jp/books/R100000002-I000007310995>

著者：三上 修（みかみ　おさむ）

1974年島根県松江市生まれ。東北大学大学院理学研究科博士課程修了。現在は北海道教育大学函館校教授。スズメをはじめとした都市に生息する鳥を研究している。著書に『身近な鳥の生活図鑑』（筑摩書房）、『スズメ―つかず・はなれず・二千年』（岩波書店）、『電柱鳥類学：スズメはどこに止まってる？』（岩波書店）などがある。鳥と、電柱電線と、マンホールの蓋が好きなので、散歩をしていても退屈することがない。

写真：中村 利和（なかむら　としかず）

写真家。身近な野鳥を中心にその自然な表情、仕草を記録。「光」にこだわり、鳥たちの暮らす環境、その空気感を大切に撮影を続けている。著書に写真集『BIRD CALL 光の中で』（青菁社）、『鳥の骨格標本図鑑』（文一総合出版（共著））、写真集『鳥の肖像』がある。日本野鳥の会会員。日本自然科学写真協会（SSP）会員。

[STAFF]
イラスト：新岡薫（エトブン社）
マンガ&イラスト：中井亜佐子
本文デザイン：蔦見初枝　microfish（平林亜紀　大曽根晶子）
写真提供：三上修　三上潔　平沢千秋　PIXTA
音声ファイル（鳴き声）提供：認定NPO法人バードリサーチ
校正：株式会社オフィスバンズ　平沢千秋
構成・編集：小沢映子（GARDEN）
編集担当：田丸智子（ナツメ出版企画株式会社）

身近な場所で出あえる野鳥の教科書

2025年5月7日　初版発行

著　者　三上 修
発行者　田村正隆

発行所　株式会社ナツメ社
東京都千代田区神田神保町1-52　ナツメ社ビル1F（〒101-0051）
電話 03（3291）1257（代表）　FAX 03（3291）5761
振替 00130-1-58661
制　作　ナツメ出版企画株式会社
東京都千代田区神田神保町1-52　ナツメ社ビル3F（〒101-0051）
電話 03（3295）3921（代表）
印刷所　ラン印刷社

ISBN978-4-8163-7713-6　Printed in Japan

ナツメ社Webサイト
https://www.natsume.co.jp
書籍の最新情報（正誤情報を含む）はナツメ社Webサイトをご覧ください。

本書に関するお問い合わせは、書名・発行日・該当ページを明記の上、下記のいずれかの方法にてお送りください。
電話でのお問い合わせはお受けしておりません。
- ナツメ社webサイトの問い合わせフォーム https://www.natsume.co.jp/contact
- FAX（03-3291-1305）
- 郵送（上記、ナツメ出版企画株式会社宛て）

なお、回答までに日にちをいただく場合があります。正誤のお問い合わせ以外の書籍内容に関する解説・個別の相談は行っておりません。あらかじめご了承ください。